MicroPIC, partenza immediata

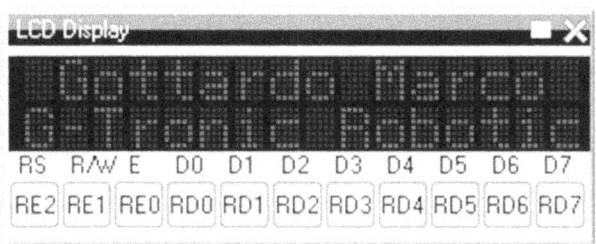

Seconda edizione

Marzo 2015

Dott. Ing. Marco Gottardo

Questa edizione rivista e aggiornata stata pubblicata a Marzo 2015 da Marco Gottardo.

Tutti i diritti riservati. Nessuna parte di questa pubblicazione può essere riprodotta, salvata in un sistema di memorizzazione o trasmessa in qualsiasi forma o con qualsiasi mezzo, meccanico o elettronico, senza il permesso scritto di Marco Gottardo, C.F. GTTMRC68R06G224I, Via Colombo 14, 30030 Vigonovo (VE) Italia.

E-mail: ad.noctis@gmail.com

ISBN: 978-1-326-20146-3

Marco Gottardo e' docente formatore presso il centro culturale ZIP di Padova. Informazione sui corsi possono essere ottenute chiamando il numero 049 772903 dalle 18:30 alle 20:30.

Introduzione

Il presente libro è un'introduzione rapida al mondo della programmazione dei microcontrollori PIC. È di fatto la premessa a un testo molto più approfondito dello stesso autore, "Let's GO PIC!!!" edito a settembre 2012 e una versione dedicata alle scuole "Let's GO PIC !!! essential" disponibile su amazon a prezzo ridotto.

Il dispositivo scelto per un approccio indolore ma completo è la versione 16F876A compatibile pin to pin, con la versione potenziata 18F2550.

Nell'immagine vediamo il pinout. La versione 16LF876A è alimentabile anche a 3,3V.

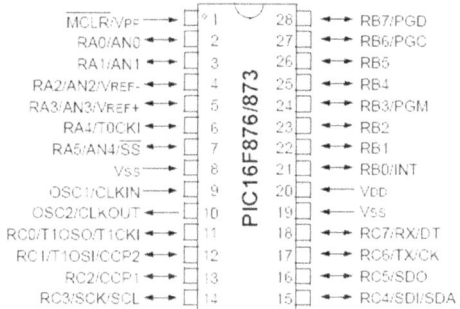

Questo microcontrollore trova la sua naturale collocazione nel circuito stampato denominato Micro-GT mini, prodotto dalla G-Tronic Robotics.

Il vostro esemplare della Micro-GT mini, con cui potrete cimentarvi nell'ingresso del mondo dei PIC lo potete richiedere via mail all'indirizzo ad.noctis@gmail.com al costo di 5€ più le spese di spedizione.

Indice

CONCETTI DI BASE..1

SCHEMA ELETTRICO DELLA MICRO-GT MINI 4

LISTA COMPONENTI DELLA MICRO-GT MINI 5

HARDWARE DELLA MICRO-GT MINI 6

TRASFERIMENTO PROGRAMMA CON PICKIT2/3 10

IMPOSTAZIONE DEL COMPILATORE..12

ATTIVAZIONE SECONDO DEFAULT 13

INSERIMENTO DELLE LIBRERIE ELEMENTARI 13

INTRODUZIONE RAPIDA ALLA PROGRAMMAZIONE DEI PIC. 15

CREAZIONE DI UN NUOVO PROGETTO...16

AGGIUNTA DEI FILES AL PROGETTO..22

LA COMPILAZIONE. 27

SIMULAZIONE CON REAL PIC SIMULATOR..29

PRIMI PASSI NELLA PROGRAMMAZIONE IN C. 30

TIPI DI DATI STANDARD DEL "C" 36

RADIX FORMAT..37

PROGRAMMARE TRAMITE I REGISTRI. 37

USO DELLE USCITE DIGITALI. 39

USO DEGLI INGRESSI DIGITALI. 41

CAVO SERIALE 45

PROGRAMMAZIONE TRAMITE BOOTLOADER. 47

IMPOSTAZIONE DEL REGISTRO DEI FUSES...50

MICRO-GT PROGRAMMER RICONOSCIUTO DAL SOFTWARE PICPROG2009 ... 52

INTERFACCIA MICRO-GT 4 DARLIGHTON, 8 AMPERE 53

INTERFACCIA A 4 CANALI MOSFET CON CANALE N, 20 AMPERE 53

INTERFACCIA MICRO-GT POWER INVERTER 54

INTERFACCIA MICRO-GT PER MOTORI PASSO/PASSO 54

INTERFACCIA MICRO-GT 8 USCITE RELE 12 AMPERE 55

INTERFACCIA MICRO-GT 8 INGRESSI OPTO ISOLATI 56

INTERFACCIA MICRO-GT MOLTIPLICAZIONE DELLE USCITE 56

INTERFACCIA MICRO-GT DISPLAY UNIVERSALE ANODO/CATODO COMUNE . 57

INTERFACCIA MICRO-GT DISPLAY UNIVERSALE ANODO/CATODO COMUNE . 57

INTERFACCIARE INGRESSI A 24V DC 58

EFFETTO LUCI SUPERCAR 59

LETTURA DI UN CANALE ANALOGICO 61

GLOSSARIO 63

PIEDINATURA DEL PIC 16F877A 64

BIBLIOGRAFIA 64

Concetti di base

Un Microcontrollore è diverso da un microprocessore perché integra insieme ad un core moderno e potente una serie di periferiche molto versatili e semplici da usare. Il linguaggio nativo di programmazione è l'assembly ma oggi è più comodo e parimente efficace usare linguaggi più ad alto livello come HITECH C16 e C18 che risultano integrati nella piattaforma MPLAB distribuita dalla casa costruttrice di questa serie di micro controllori.

La programmazione avviene seguendo alcuni passi fondamentali.
1. Sviluppo di un programma nel linguaggio prescelto, ad esempio HITECH C16.
2. Compilazione del codice sorgente che mette a disposizione il file in formato esadecimale, ad esempio prova.hex
3. Riversamento del file esadecimale nella memoria del PIC, tramite un secondo dispositivo chiamato programmer, se si usa la tecnica ICSP, oppure tramite un software detto "downloader" se si usa la tecnica detta "a bassa tensione", in inglese LVP.

Prima di fare eseguire il programma al microcontrollore, nel sistema automatico finale, è bene testare il funzionamento in maniera simulata, a tale scopo sono stati sviluppati numerosi simulatori software che caricano il file ".hex" e lo eseguono in maniera virtuale.

I simulatori più comuni sono

1. Proteus, distribuito dalla casa madre dei PIC.
2. RealPic simulator della Digital Electro Soft (consigliato).

I microcontrollori PIC sono suddivisi in famiglie, che grossomodo sono:

- Serie 10 (8 bit)
- Serie 12 (8 bit)
- Serie 16 (8 bit)
- Serie 18, ovvero la enanched (potenziata) 16, (8 bit)
- Serie 24, 30,33 (16 bit)
- Serie 32 (32 bit)

Quando ci si accinge a programmare un PIC, usando MPLAB, e soprattutto quando vorremo trasferire il firmware che abbiamo prodotto nella sua memoria dovremmo provvedere alla selezione del giusto dispositivo dal menu "Select device" all'interno di MPLAB stesso.

La finestra che ci permette la selezione è questa:

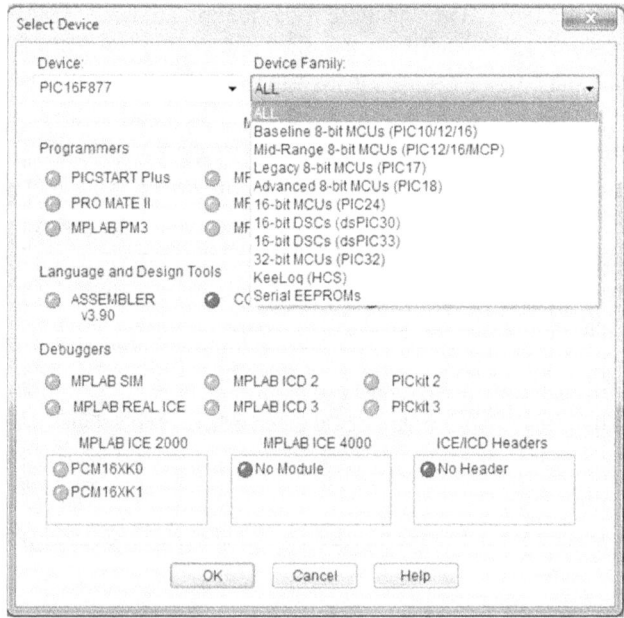

Questi circuiti integrati potranno essere di tipo DIL, ovvero con le due classiche file di pin, saldabili con strumentazione da hobbista e normale manualità, oppure SMD, ovvero a montaggio superficiale, senza buchi nello stampato, che essendo di dimensioni molto più ridotte potrebbero essere un problema per il neofita o per chi non ha sufficiente manualità e buona vista.

Come vedremo, il dispositivo di programmazione ed esecuzione dei firmware, scelto per questa pubblicazione, ovvero la Micro-GT mini, è predisposto per ospitare un chip DIL a 28 pin, quindi un 16F876A, oppure un 18f2550. Ve ne sono altri con questo formato ma vi accorgerete che spesso questi posso soddisfare le esigente dell'automazione da realizzare.

Schema elettrico della Micro-GT mini

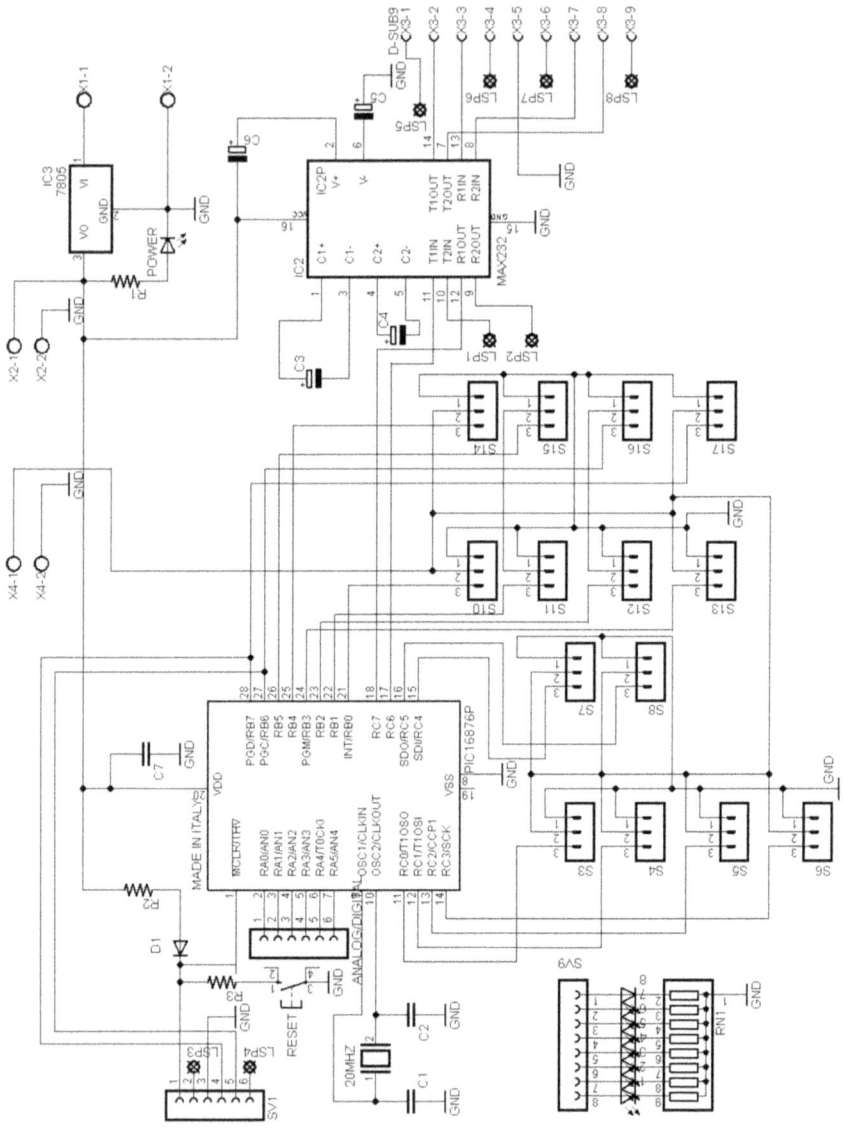

Lista componenti della Micro-GT mini

R1 = compresa tra 220 e 1K (buona 560)

R2 = 10k pull up per il comando di reset

R3 = 1K consente applicazione della tensione di programmazione senza cortocircuitare.

RN1 = rete resistiva con comune su pin 1 e 8 vie, in alternativa 8 resistenze di valore tra 220 e 1K.

D1 = 1N4148 impedisce alla tensione di programmazione di defluire selle alimentazioni danneggiano PIC e regolatore.

P1 = pulsante di reset, normalmente aperto per stampato (tipicamente omron)

C1=C2 = Condensatori ceramici 18pF se quarzo 20Mhz, 22pF se quarzo a 4Mhz

C3=C4=C5=C6 = 10uF 35VL elettrolitici per traslatore di livello MAX232

C7 = 100 nF poliestere (filtro su alimentazione del PIC)

LD1 - LD8 = diodi LED rossi 3 mm (montare con catodi verso il PIC, quindi in giù)

power = diodo led verde 3 mm (montare con catodo verso il PIC, quindi in su)

Zoccoli 2 da 7+7 pin oppure 1 da 28 pin per il microcontrollore

zoccolo 8+8 pin per il traslatore di livello.

X1=X2=X4 = morsetti a vite a due vie per montaggio su stampato

X3 = connettore Cannon DB9 femmina per montaggio su stampato a 90 gradi.

LM7805 = regolatore di tensione positiva per alimentazione TTL della scheda

MAX232 = traslatore di livello per adattare le tensioni duali +/- 12VDC della trasmissione seriale a TTL UART PIC

PIC16F876 = microcontrollore PIC a 28 pin o equivalente pin to pin come ad esempio **18F2520** o 16F873 (in caso di necessità usare il PIC16LF876A per interfacciare periferiche a 3,3V)

SV1 = strip line maschio a 6 vie meglio se lungo e 90 gradi per connessione con PICkit 2 o PICkit 3 passo integrato

Analog/digital = strip line maschio a 6 vie standard passo integrato

SV9 = strip line maschio passo 8 vie passo integrato

SV3-SV4-SV5-SV6-SV7-SV8 = strip line maschi a tre vie passo integrato

SV10-SV11-SV12-SV13-SV14-SV15-SV16-SV17 strip line maschi a tre vie passo integrato

uno strip line femmina a 40 vie per costruire i cavi flat e gli zoccoli del quarzo/condensatori rimovibili

piattina rosso nera per alimentazione del dispositivo

Fornire al morsetto X1 un tensione di alimentazione compresa tra 7 e 18 volt (sopporta i 24) X1-1 positivo, X1-2 gnd

Hardware della Micro-GT mini

La Micro-GT mini è predisposta per poter alloggiare in maniera diretta ben 14 servomotori. Se la sua destinazione è di essere applicata in robotica umanoide leggera, i connettori dei piccoli servomotori potranno essere innestati direttamente sugli strip a tre vie che contornano il chip. Dato che l'assorbimento previsto da ben 14 motori risulta troppo elevato per il regolatore di tensione LM7805, è stato previsto un morsetto separato per le alimentazioni di potenza.

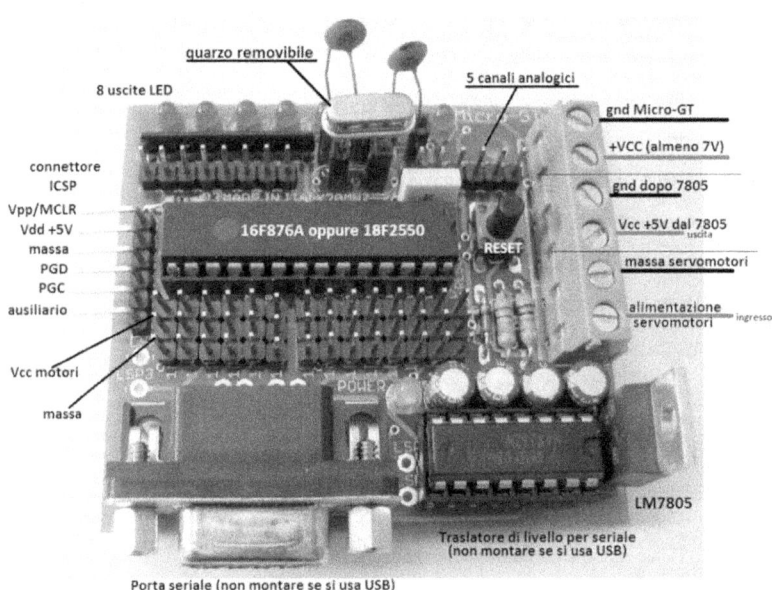

Il chip 18F2550, mette a disposizione la porta USB, in questo caso potremmo omettere l'assemblaggio del circuito integrato MAX232, che si cura dell'adattamento dei livelli di tensione +12,-12 presenti nello standard seriale allo standard TTL accettato dall'USART interno del microcontrollore.

I quattro condensatori elettrolitici fanno parte del circuito di trasmissione seriale quindi in caso di utilizzo della porta USB potremmo ometterli.

Come si vede dalla foto ci sono tre morsetti a vite a due vie ciascuno, ma solo il primo in alto fornisce alimentazione alla scheda. Dato che i regolatori di tensione LM7805 hanno bisogno di una caduta tra il pin di ingresso e quello di uscita di almeno 2 volt, se vogliamo accendere la scheda sarà necessario fornire a questi morsetti almeno 7Volt. Sarà possibile fornire qualunque valore fino a massimo di 30 volt, anche se sconsigliato perché in questo caso il regolatore risulterà piuttosto caldo. Non fornire tensione direttamente presa da un trasformatore perché la tensione alternata distrugge immediatamente la scheda che non risulta protetta contro le inversioni di polarità.

Se disponiamo di una alimentazione sicura a +5V, proveniente da un altro dispositivo digitale con cui la Micro-GT va ad integrarsi, potremmo bypassare il regolatore di tensione effettuando un ponte tra i fori sullo stampato che ospitano il pin più a destra e quello più a sinistra. Attenzione a non fare ponte con il pin centrale perché è una massa e significherebbe fare corto circuito.

Una soluzione ottimale è usare il cavo USB di un vecchio mouse e alimentare direttamente la scheda eliminando il regolatore di tensione. Non ci devono spaventare gli eventuali corti circuiti perché le porte del PC hanno un'ottima protezione contro questa evenienza. Il mezzo ampere disponibile è sufficiente per moltissime delle applicazioni didattiche.

Questa soluzione elimina anche l'alimentatore rendendo il sistema più economico e il tavolo degli esperimenti più libero, per questo motivo si consiglia di usarlo nelle scuole.

Il connettore a 6 poli che vediamo sul lato sinistro della scheda è il connettore detto ICSP, sigla che significa "programmazione seriale del chip senza rimuoverlo dal circuito". Lo schema elettrico è il sottostante:

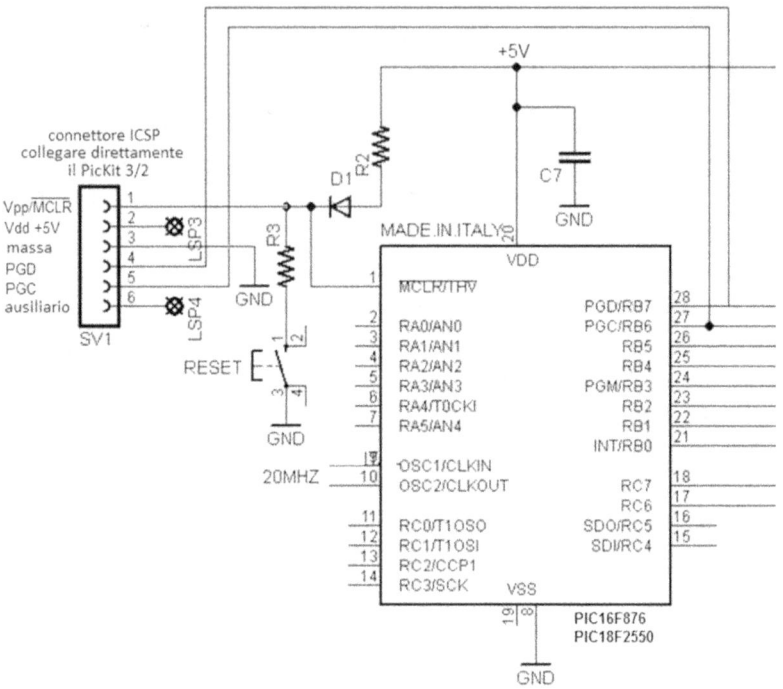

La presenza del diodo D1 impedisce sia la sovra alimentazione del PIC in fase di programmazione che il contro pilotaggio del regolatore di tensione LM7805 che in normale funzionamento energizza la scheda.

La Micro-GT mini è interfacciabile direttamente con il PICKIT2 e il PICKIT3 che va innestato direttamente in questo connettore. Dato che il pin 2 è stato scollegato per scelta progettuale collegando il PICKIT la scheda non si accenderà. La programmazione avviene quindi solo se la scheda è alimentata.

E' comunque necessario impostare su MPLAB la voce alimenta da PICKIT, allo scopo di ingannare il sistema e permettere il riversamento dei dati di programma nell'area flash.

Nella successiva immagine i programmatori MicroChip compatibili.

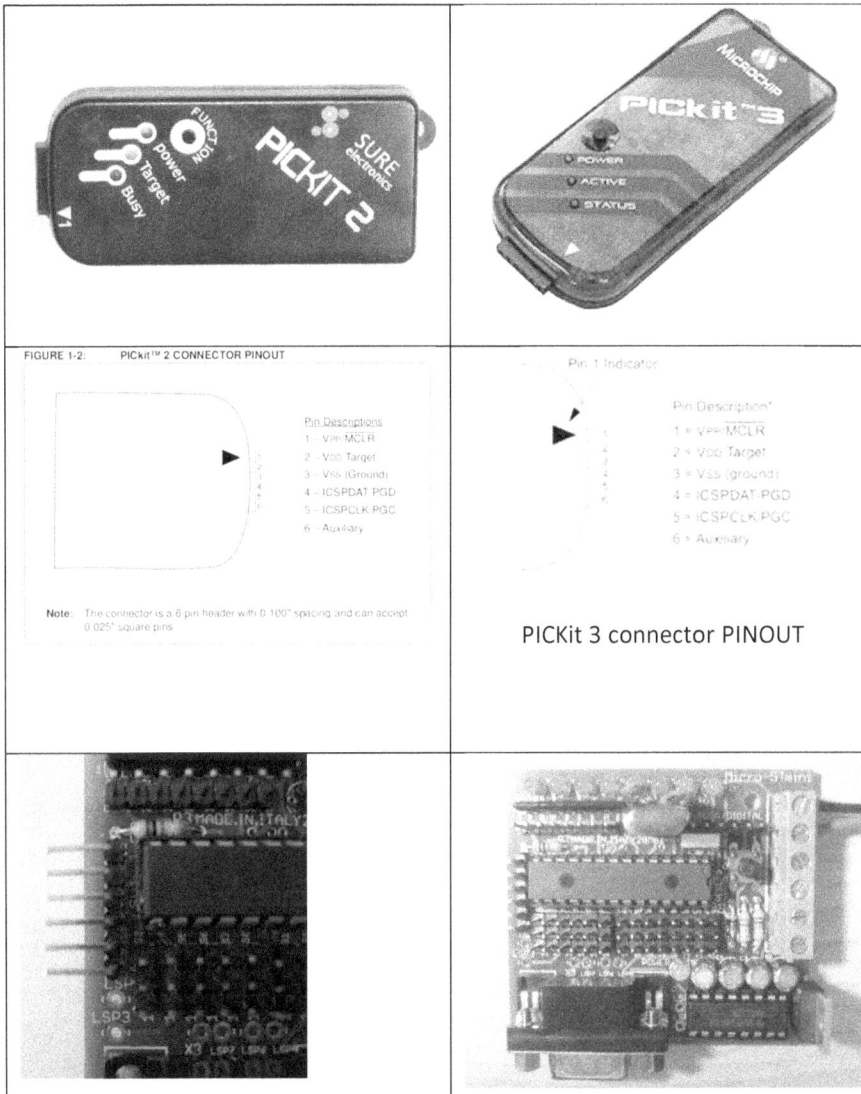

FIGURE 1-2: PICkit™ 2 CONNECTOR PINOUT

Pin Descriptions
1 – Vpp/MCLR
2 – VDD Target
3 – VSS (Ground)
4 – ICSPDAT/PGD
5 – ICSPCLK/PGC
6 – Auxiliary

Note: The connector is a 6 pin header with 0.100" spacing and can accept 0.025" square pins

Pin 1 Indicator

Pin Description*
1 = Vpp/MCLR
2 = VDD Target
3 = VSS (ground)
4 = ICSPDAT/PGD
5 = ICSPCLK/PGC
6 = Auxiliary

PICkit 3 connector PINOUT

Trasferimento programma con PICKIT2/3

Per utilizzare la Micro-GT mini non è affatto necessario possedere un PICKIT2 o PICKIT3 ma se ne possedete uno l'uso è fortemente semplificato.

Supponiamo che abbiate già disponibile un file ".hex", ovvero il formato esadecimale che la memoria del PIC accetta. Potete procuratvene uno seguendo il link:

http://www.gtronic.it/community/Supercar(3)/supercar.hex

Questo eseguirà l'effetto supercar sugli otto bit del del PORTB del PIC a bordo della Micro-GT mini.

Per poterli visualizzare dovremmo collegare questo PORT alla barra LED tramite un cavetto flat come visibile in figura.

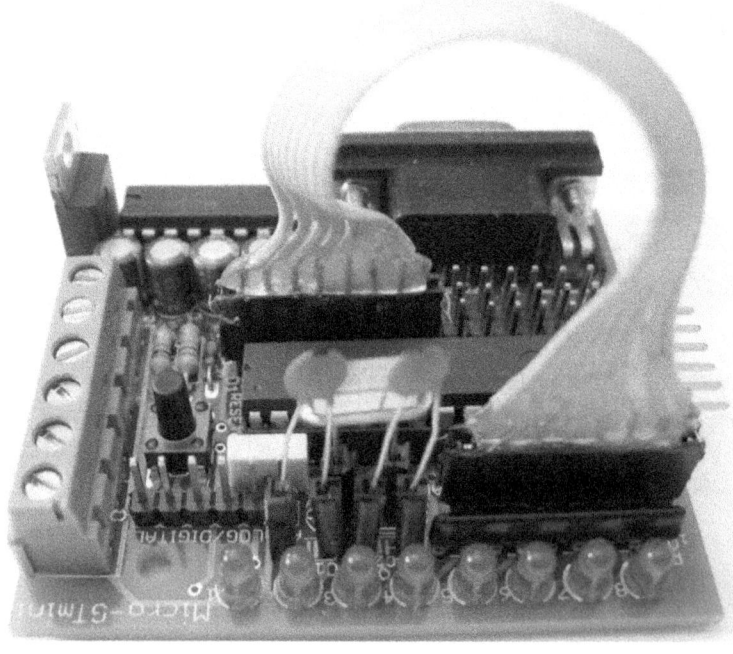

Lanciamo MPLAB V8.60 e carichiamo importandolo il file .hex. poi portiamoci nella voce di menù:

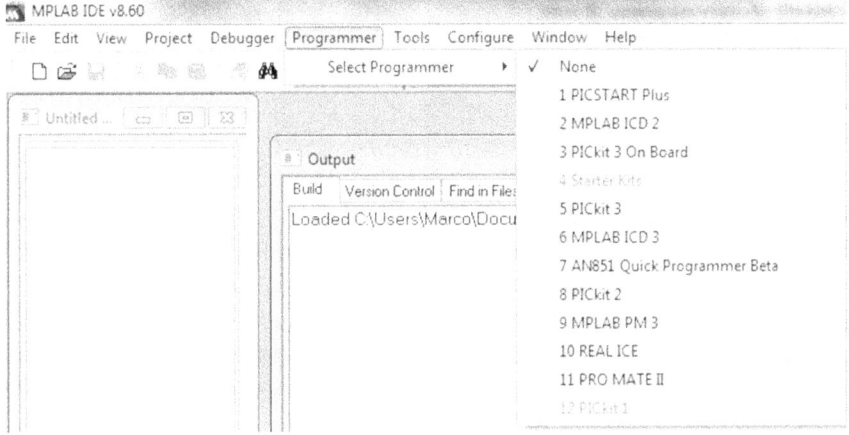

Una volta selezionato il programmer da utilizzare, procederemo al caricamento agendo sui tasti funzione sotto indicati.

Se appaiono grigi come in foto significa che non è stata agganciata alcuna comunicazione, se tutto è regolare assumeranno un colore in tema giallo.

Il file ".hex" si trova già caricato nella memoria del PC se si è precedentemente eseguita una compilazione, quindi non ha senso andare a cercarlo usando il browse.

Se invece voglio caricare un file .hex che non deriva da una nostra precedente compilazione lo dovremo "importare agendo sul tasto:

File -> Import...

Si apre il browser che vi chiede di caricare il file dalla directory in cui lo avete riposto. Ovviamente non ha senso tentare di interpretare un file .hex aprendolo con un editor di testo.

Impostazione del compilatore.

La prima regola da imporci sia che è bene usare gli strumenti ufficiali della casa costruttrice. E questo lo dico a malincuore dato che io sono un convintissimo promotore dell'open source, linux..ecc. Però, se non partiamo tutti con lo stesso piede non ci capiremo. quindi bando alle ciance e cominciamo.

Andiamo tutti su: www.microchip.com e scarichiamo MPLAB ide.

il link diretto è:

http://www.microchip.com/stellent/idcplg?IdcService=SS_GET_PAGE&nodeId=1406&dDocName=en019469&part=SW007002

Comunque lo troverete facilmente anche senza usare questo link.

L'installazione sarà piuttosto semplice, basterà dire praticamente sempre "SI" ad ogni domanda, ma fate bene attenzione, una delle domande sarà relativa ad "aggiungere le variabile d'ambiente alla path" a questa è importante dire di "si" per non avere poi errori di compilazione.

Durante la fase d'installazione vi accorgerete che un prodotto di un'altra azienda viene richiamato ed installato. Si tratta del compilatore C per PIC16 che sarà poi riconosciuto dall'ambiente come HITECH UNIVERSAL TOOL SUIT che abilità la compilazione per PIC 10-12-16. per il momento impariamo ad usare questi.

Nelle versioni attuali di **MPLAB X** è possibile istallare il compilatore HITECH scaricandolo dalla directory Legacy software del sito www.microchip.com.

Se abbiamo istallato la versione V8.x di Mplab lo troveremo già presente in MPLABX.

Attivazione secondo default

Facendo doppio click sull'icona di MPLAB che vi è comparsa sul desktop si attiva l'ambiente di sviluppo. Per default è impostato su Mpasm che permette la compilazione di programmi scritti in assembly. Noi dovremmo cambiare questo default e attivare l'universal tool suite di hitech che già è stato installato contestualmente a MPLAB.

Inserimento delle librerie elementari

Il primo programma sarà estremamente banale ma fortemente didattico. Lo scopo di questa prima lezione non è imparare il "C" ma semplicemente di essere in grado di muoverci con agilità nell'ambiente.

Create nella vostra cartella documenti una cartella "pic_project" e scaricate e scompattateci dentro questo file zip.

UserFiles/ad.noctis/File/ciao_mondo.zip

Dentro ci sono 4 files:

scheletro.c

delay.h

delay.c

ciao_mondo.mcp

Il primo, scheletro.c, contiene una bozza di programma funzionante che io ho creato per voi al fine di evitarvi "sofferenze fuori tema" dallo scopo di questa prima "lezione-tutorial", in appendice vi spiego come funziona e cosa fa.

Sappiate che, fino a che non avrete sufficiente esperienza, potrete iniziare OGNI VOSTRO NUOVO PROGRAMMA usando questo scheletro. In effetti con le opportune variazioni può diventare qualsiasi altra cosa.

Solo relativamente a questa prima prova potrete mollare i file nella radice della cartella pic-project, dato che si presume che essendo il primo che fate non ce ne siano altri. Appena avrete un po' di esperienza in più, la folder pic-project dovrà contenere una cartella con il nome di ogni programma che volete realizzare.

Non l'ho detto, ma è ovvio, che solo per questa prova il file potrà continuare a chiamarsi scheletro.c ma in futuro come prima mossa lo cambierete in vostro_nome_programma.c

Due file hanno il medesimo nome ma diversa estensione. Verrà spiegato nelle lezioni di "C" che significa e perché è così, per il momento è più importante sapere dove devono stare e come usarle. Del resto già dal nome s'intuisce che generano un ritardo.

Solo per questa prima prova lasciamo le librerie nella cartella pic_project. Scoprirete presto che sarà più conveniente linkarle da una posizione più naturale che è la cartella "include" del compilatore, accessibile da c:programmiHI-TECH Softwarepicc9.70include ma questo comporterà una piccola modifica della riga di comando di inclusione nel sorgente di scheletro.h

Il quarto file è il "progetto". E' una cosa che ho aggiunto io ma che in realtà non vi serve per partire. Potrà servire a chi non riesce proprio a venirne fuori, perché cliccandoci sopra...se avete messo i file nel posto che vi ho indicato, attiva tutto in automatico. Questo file viene creato automaticamente durante la fase di "project wizard" che vado ora a spiegarvi.

Introduzione rapida alla programmazione dei PIC.

Esistono molti modi per programmare i PIC. Potremo scegliere quello più adatto alla proprie conoscenze. È possibile programmare in Pascal, in C, in assembly e perfino in ladder che è il linguaggio dei PLC.

Per chi inizia è consigliato l'uso del linguaggio C.

Esistono molte varianti del C per microcontrollori, ma è meglio usare quello adottato dalla casa costruttrice Microchip.

Scarichiamo dal sito la versione XC8 oppure la versione Hitech C.

Le versioni dovranno essere adatte ai PIC di tipo midrange, di cui fa parte il modello 876 A e 877 A.

Il linguaggio di programmazione è gestito da uno strumento software detto compilatore.

Il compilatore viene integrato in un altro strumento software detto IDE (ambiente di sviluppo integrato).

L'IDE ufficiale della Microchip è MPLAB disponibile nel sito web www.microchip.com

La versione attuale è la MPLAB X, sviluppata in java, che può funzionare su Windows, su Linux e su Mac OS.

L'ambiente di sviluppo sarà familiare a chi ha già programmato, in altri ambiti, usando eclipse.

	Il file di istallazione da scaricare dal sito della MicroChip. Alla fine dell'anno 2014 ha una dimensione di circa 400 MB. Eseguito il setup compariranno sul desktop le 3 icone che mostriamo di seguito.

MPLAB X IDE v1.80	Esegue MPLAB X. Uno strumento software ci guida nella creazione di un nuovo progetto. Mette a disposizione l'editor comune, basato su eclipse, per il compilatore che intendiamo usare. Comunica con il PIC.
MPLAB IPE	L'Integrated Programming Environment (IPE) è uno strumento creato per inserire il programma (file .hex) nella memoria del PIC quando non si vuole usare quello integrato in MPLAB X.
MPLAB driver switcher	Il driver switcher permette di fare funzionare gli strumenti hardware su più piattaforme, adattando i driver al sistema operativo su cui vogliamo usarli e eseguendo la migrazione tra la versione 8.xx (vecchia) e quella nuova MPLAB X.

È possibile continuare a usare sia i programmi realizzati che il precedente compilatore Hitech senza aumentare le difficoltà tecniche.

È possibile importare un vecchio progetto MPLAB V8.xx oppure usare i suoi file principali per creare un nuovo progetto MPLAB X. In ogni caso potremmo usare il compilatore Hitech istallato nella versione precedente.

Chi non ha interesse ad usare il vecchio compilatore potrà iniziare ad usare l'XC8.

Creazione di un nuovo progetto.

Predisponiamo l'ambiente facendo alcuni passi preparatori.

1) Dentro alla cartella documenti creiamo la cartella "Pic_project".

2) Dentro alla cartella Pic_project copiamo i file contenuti nell'archivio "scheletroX" scaricabile dalla community Micro-GT.

3) Verifichiamo che dentro alla cartella scheletroX, contenuta in Pic_project, ci siano i seguenti files:

Ora possiamo eseguire MPLAB X.

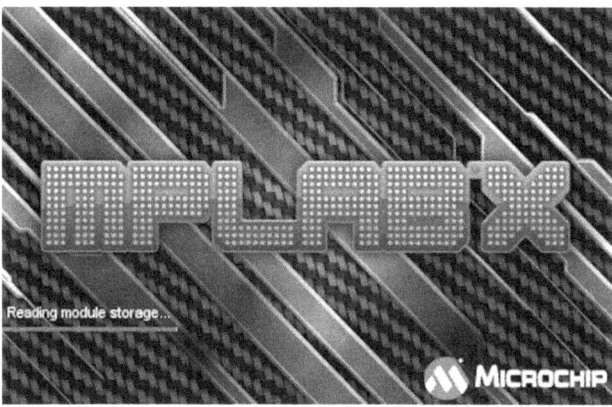

La prima esecuzione potrebbe sembrare un po lunga perché l'IDE si deve creare l'ambiente di funzionamento.

Una volta che si è avviato, compare l'ambiente di lavoro. Lo scopo di questa pubblicazione è quello di portarci subito ad essere operativi quindi non descrivo ad una a una le voci la solo le azioni da compiere.

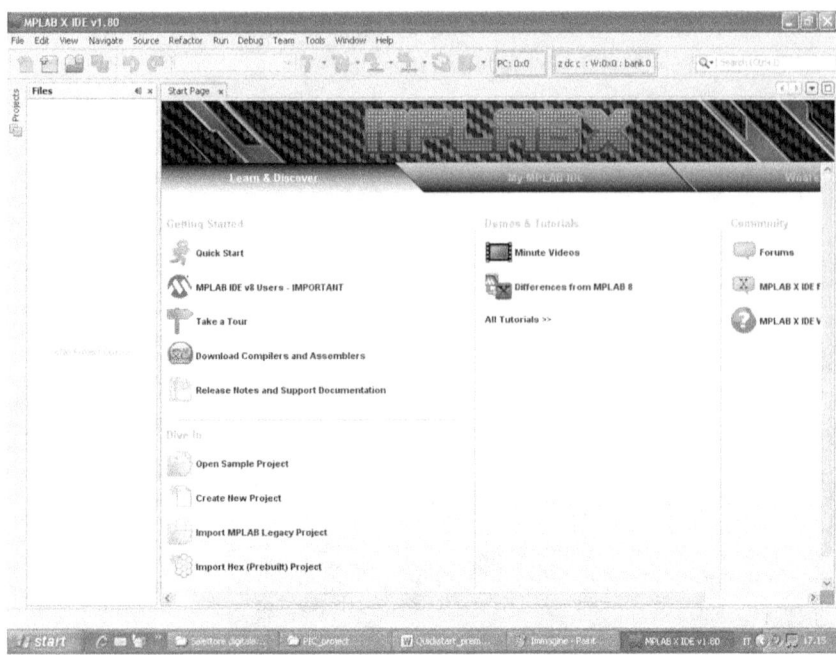

Creazione progetto.

Dal menù "file" cliccare su "new project". Poi agire su "Standalone project" come in figura.

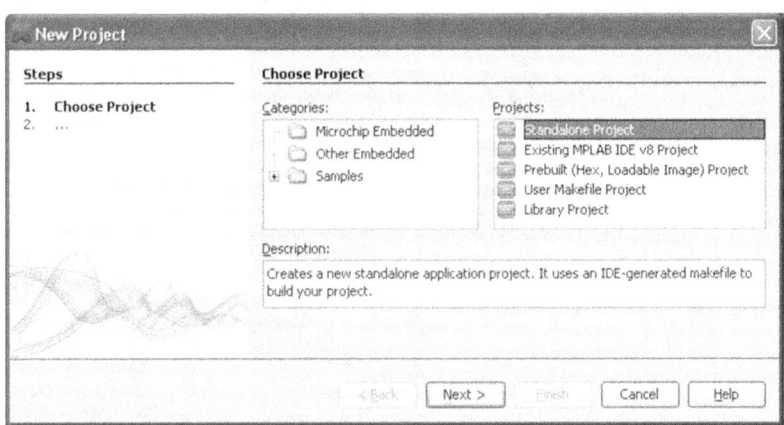

Solo se abbiamo già un progetto della versione precedente usiamo la seconda voce. Poi clicchiamo su "Next", per accedere ai 7 passi necessari alla creazione.

Passo 1, selezione del PIC.

Per utilizzare la Micro-GT IDE si consiglia di selezionare il chip in figura:

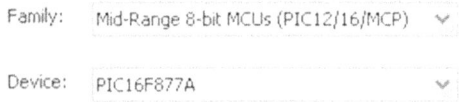

IL passo numero 3 potrebbe venire automaticamente saltato. I files header verranno aggiunti a mano.

Al passo 4 si seleziona il dispositivo di programmazione. Anche se la Micro-GT IDE integra un programmer selezioniamo PICKIT3.

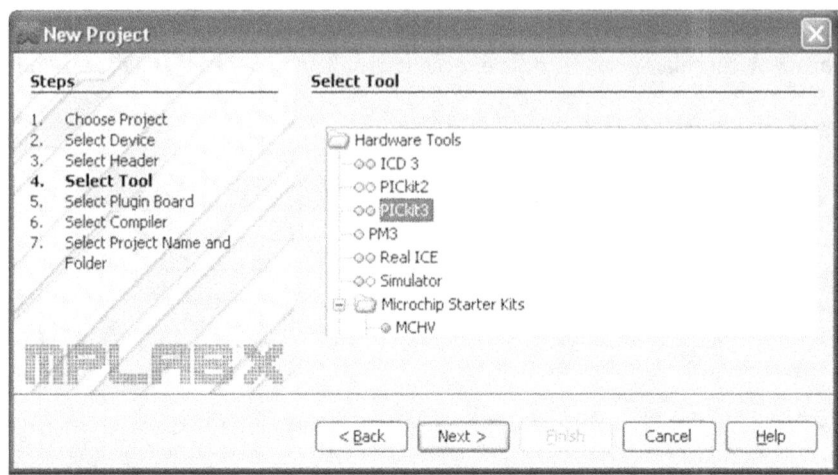

Il passo 5 potrebbe venire saltato automaticamente, specie se utilizzerete la Micro-GT. Non ci preoccupiamo ed proseguiamo al passo 6 nel quale selezioniamo il compilatore.

Potremmo vedere una situazione diversa da quella mostrata in funzione dei compilatori installati. Se un compilatore non è ancora stato istallato comparirà l'avviso (None found).

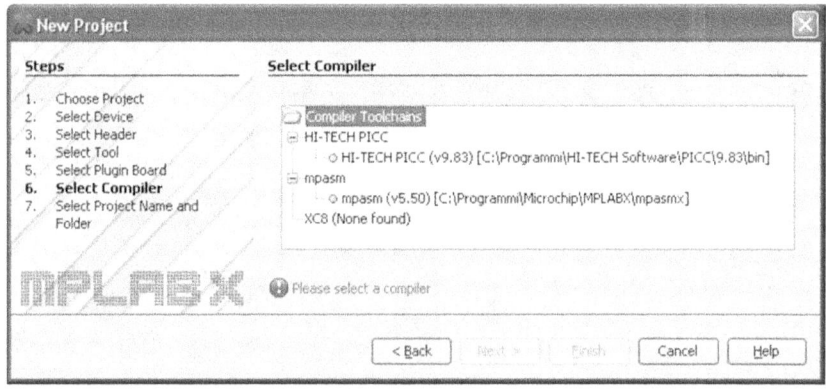

Selezioniamo HI-TECH PICC (v9.83) e proseguiamo cliccando su next.

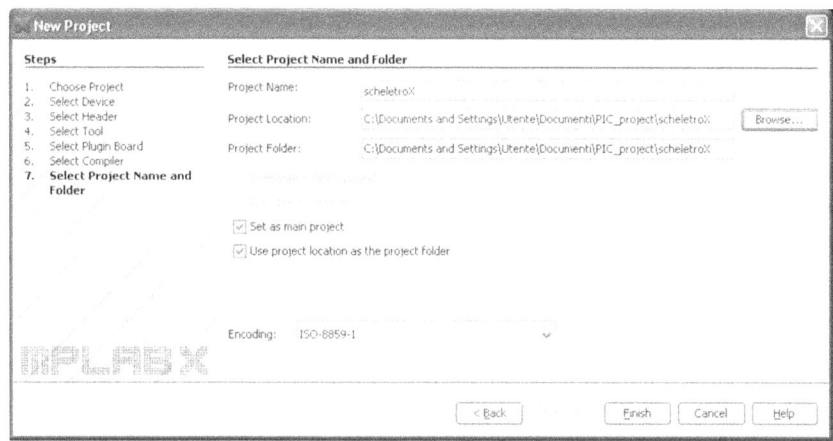

Va posta un po' di attenzione al passo 7 in cui dovremmo assicurarci, agendo sul tasto "Browser" di trovarci nella cartella corretta. (vedi l'esempio).

È buona norma assegnare al progetto lo stesso nome del file principale che in questo caso sarà scheletro.c come abbiamo già predisposto.

Agiamo su "Finish" per concludere la creazione del progetto.

L'ambiente è predisposto ma non possiamo ancora cominciare a programmare perché i files non sono inclusi nelle cartelle del progetto, azione che ora faremo a mano.

Aggiunta dei files al progetto.

In alto a sinistra compare l'albero del progetto che raggruppa i files per tipo, ad esempio la prima cartella aspetta tutti i files di intestazione, quindi quelli che contengono le definizioni delle funzioni, detti header, e salvati con estensione .h

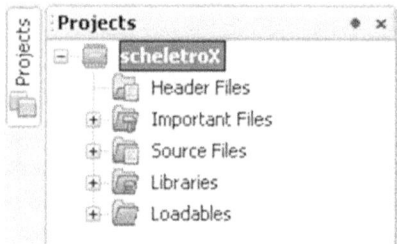

Se clicchiamo sulla cartella "Header Files" vedremo che è vuota. Facciamo tasto destro e poi confermiamo la voce "add Existing Item" come in figura.

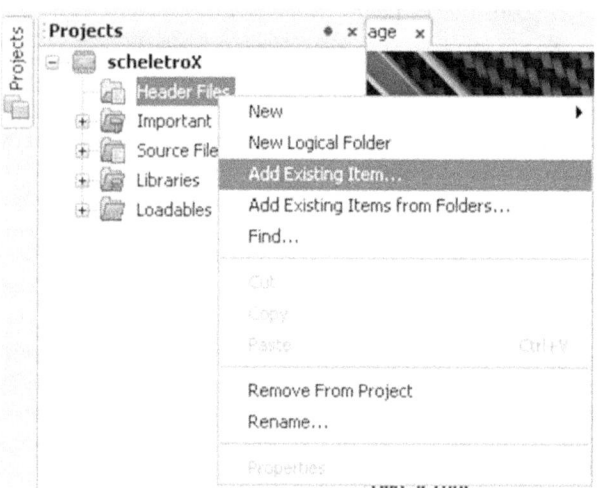

Selezionare tutti i files con estensione .h come in figura. Questo sarà possibile solo se abbiamo seguito con attenzione i primi pasi in cui abbiamo creato e riempito manualmente la cartella scheletroX.

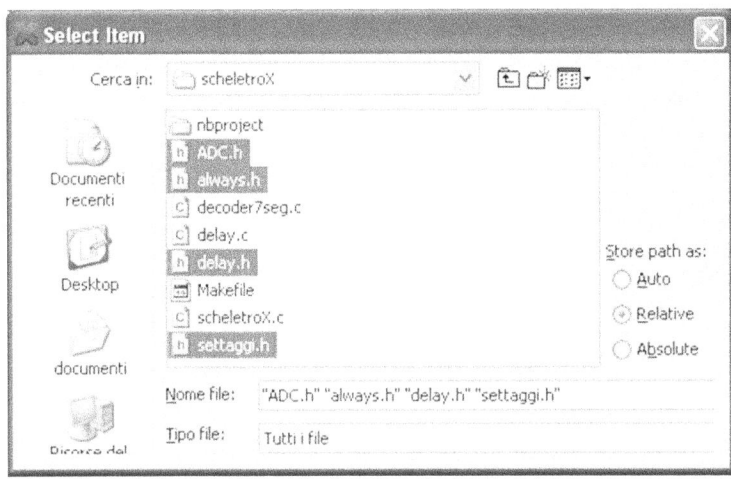

Confermiamo la selezione semplicemente premendo invio.

Ripetiamo l'operazione per i files di tipo sorgente, quindi salvati con estensione .c

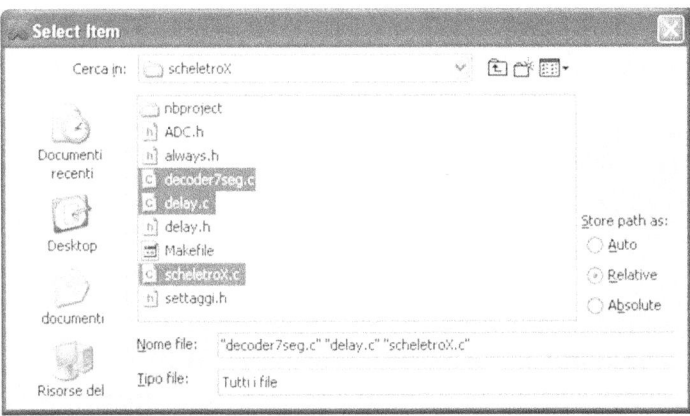

Il progetto assume questo aspetto, ed è pronto per essere utilizzato. Il file decoder7seg, potrà essere .h o .c senza influenzare il funzionamento.

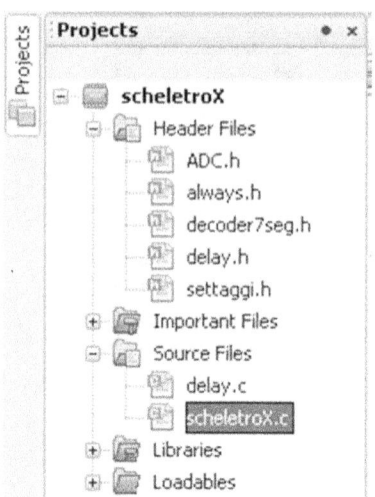

Per entrare nell'editor fare doppio click sul file con estensione .C che ha lo stesso nome del progetto, quindi "scheletroX.c"

Potremmo impostare i vari colori e dimensione dei caratteri. È importante poter cambiare la dimensione dei caratteri dell'editor per gli insegnanti che usano il proiettore per esporre alla classe. Il comando si trova su Tools -> Options

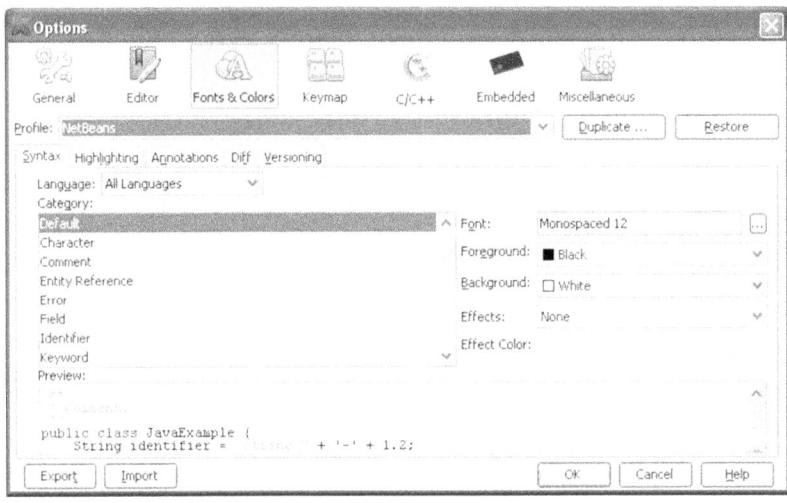

Agire su: Font: Monospaced 12

E selezionare il font più adatto alla risoluzione grafica del vostro proiettore.

25

La dimensione 24 da una lettura molto nitida sui proiettori ma mostra poche righe di codice per volta.

```
10
11
12   #define _LEGACY_HEADERS // permette il riconoscimento dei fuse
13
14   #include <pic.h>
15   #include "delay.h"
16   #include "ADC.h"
17   #include "settaggi.h"
18   #include "decoder7seg.h"
19
20       CONFIG (HS & WDTEN & PWRTDIS & BORDIS & LVPDIS & DUNPROT & W
```

L'editor ci aiuta, usando colori e segnalazioni varie, a usare la corretta sintassi. Se scriviamo una parola chiave in maniera errata ce lo segnala, come nell'immagine successiva.

```
21
22   void settaggi();
     voil settaggi();
24
```

La compilazione.

La compilazione è quella procedura software che permette, se il codice sorgente è corretto, la creazione del file esadecimale .hex che viene inserito nella memoria programma del PIC. I compilatori posso generare dei file .hex più o meno efficienti.

Lo stesso compilatore, usato in maniera free o professional, può generare codice più o meno ottimizzato in performance o in spazio allocato come è evidente nel caso dell'HITECH.

Con le vecchie versioni di MPLAB, il file .hex si trovava nella radice della cartella progetto, di solito alla stessa altezza del file sorgente principale, quello che contiene il main.

Con MPLAB X i percorsi sono un po' più complessi. Il file .hex lo troveremo in questo percorso (se abbiamo seguito le indicazioni di costruzione manuale delle cartelle a inizio capitolo).

C:\Documents and Settings\Utente\Documenti\PIC_project\scheletroX\dist\default\production

La compilazione avviene usando i comandi in figura.

La prima a sinistra esegue la compilazione semplice con la sovrascrittura del precedente file .hex, mentre il secondo aggiunge una pulizia delle variabile utilizzate predisponendo l'ambiente per la fase di debug.

```
Tasks                                    Output - scheletroX (Clean, Build, ...)

CLEAN SUCCESSFUL (total time: 3s)
make -f nbproject/Makefile-default.mk SUBPROJECTS= .build-conf
make[1]: Entering directory 'C:/Documents and Settings/Utente/Documenti/PIC_project/scheletroX'
make  -f nbproject/Makefile-default.mk dist/default/debug/scheletroX.debug.cof
make[2]: Entering directory 'C:/Documents and Settings/Utente/Documenti/PIC_project/scheletroX'
"C:\Programmi\HI-TECH Software\PICC\9.83\bin\picc.exe" --pass1 delay.c   -q --chip=16F877A -P  --outdir="build/default/
"C:\Programmi\HI-TECH Software\PICC\9.83\bin\picc.exe" --pass1 scheletroX.c  -q --chip=16F877A -P  --outdir="build/def
"C:\Programmi\HI-TECH Software\PICC\9.83\bin\picc.exe"  -odist/default/debug/scheletroX.debug.cof   -mdist/default/debu
HI-TECH C Compiler for PIC10/12/16 MCUs (Lite Mode)  V9.83
Copyright (C) 2011 Microchip Technology Inc.
(1273) Omniscient Code Generation not available in Lite mode (warning)

Memory Summary:
    Program space        used    F5h (   245) of   2000h words   (   3.0%)
    Data space           used     Ch (    12) of    170h bytes   (   3.3%)
    EEPROM space         used     0h (     0) of    100h bytes   (   0.0%)
    Configuration bits   used     1h (     1) of      1h word    ( 100.0%)
    ID Location space    used     0h (     0) of      4h bytes   (   0.0%)

Running this compiler in PRO mode, with Omniscient Code Generation enabled,
produces code which is typically 40% smaller than in Lite mode.
See http://microchip.htsoft.com/portal/pic_pro for more information.

make[2]: Leaving directory 'C:/Documents and Settings/Utente/Documenti/PIC_project/scheletroX'
make[1]: Leaving directory 'C:/Documents and Settings/Utente/Documenti/PIC_project/scheletroX'

BUILD SUCCESSFUL (total time: 16s)
Loading code from C:/Documents and Settings/Utente/Documenti/PIC_project/scheletroX/dist/default/debug/scheletroX.debu
Loading completed
```

Simulazione con Real PIC simulator

E' possibile testare il funzionamento del programma usando il programma Real PIC simulator.

E' scaricabile da internet nella versione free.

ciao_mondo

Cliccando su questa icona dovrebbe partire il simulatore. Il suo funzionamento è molto semplice.

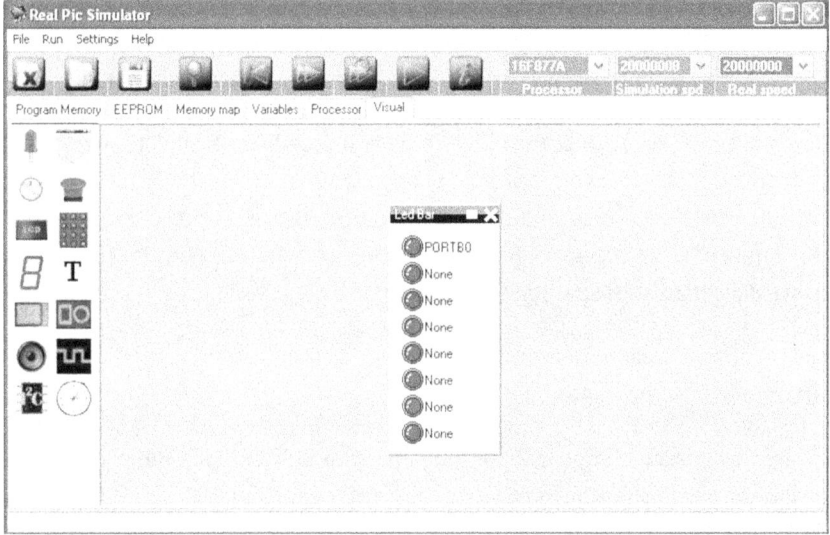

Carichiamo il file ciao_mondo.hex

Clicchiamo e trasciniamo il led rosso verso il centro della pagina, compare la led bar, impostiamo la led bar cliccando sul primo lede assegnando PORTB 0

Clicchiamo sul triangolo verde e MAGIA!!! se avete seguito alla lettera le mie indicazioni il led lampeggia

Benvenuti nel meraviglioso mondo della programmazione dei PIC in linguaggio C.

Primi passi nella programmazione in C.

Il linguaggio C è modulare e funzionale. È modulare perchè il programma è normalmente diviso in molti files, è funzionale perché il codice sorgente è composto da entità che posseggono un nome, un tipo e un corpo che contengono azioni e/o calcoli. La nostra prima esperienza di programmazione si comporrà di una sola riga di codice ma che restituirà un output di compilazione positivo, come ci dirà il messaggio del compilatore "build successuful".

void main(){}

Questa riga è semplice ma merita comunque alcune parole di spiegazione.

Le parentesi "{" e "}" indicano dove inizia e finisce il corpo della funzione. In generale non vengono impiegate solo per l'inizio e la fine della funzione ma anche dove inizia e finisce il corpo di un costrutto (leggasi comando) complesso, ovvero le azioni da intraprendere quando le condizioni di entrata nel corpo , testate dal costrutto stesso sono verificate.

Questo programma non intraprende nessuna azione dato che è costituita soltanto da un corpo vuoto {.....}

Le parentesi rotonde sono utilizzate per passare dei dati alle funzioni oppure per testare delle condizioni da parte di costrutti decisionali.

Nel caso " (......) " non ci sono dati da fare entrare nel corpo della funzione. I puntini non dovranno essere inseriti, quindi sarà semplicemente "( )". La parola chiave *void* indica il tipo nullo restituito dalla funzione. Spesso le funzioni sono pensate per restituire un tipo numerico. Possiamo pensare alle funzioni del linguaggio C come le funzioni matematiche espresso nel modo:

$$Y=f(x)$$

Dove il valore X è la variabile libera e la Y è il valore di ritorno caratterizzato non solo dal valore calcolato e assegnato ma anche dal formato con cui intendiamo numero intero, numero reale e così via. Alcune funzioni non necessitano di restituire un valore quindi andranno dichiarate *void* che significa "tipo vuoto".

Non c'è un numero massimo di funzioni utilizzabili in un programma ma solo una di queste potrà o meglio dovrà essere chiamata *main*.

L'esecuzione del programma si avvia automaticamente dalla funzione chiamanta *main*, e continuerà a ripetersi ciclicamente dalla prima all'ultima riga di codice che compone il suo corpo.

Si supponga che il programma contenga alter funzioni oltre alla main, queste possono essere implementate nello stesso file della funzione principale oppure in un file esterno.

È neccessario rispettare una regola, la chiamata di una funzione va eseguita solo dopo la sua dichiarazione, o meglio, ogni funziona va evocate solo che dopo che , sequenzialmente parlando, all'interno dell'intero programma, incluse le eventuali chiamate di moduli esterni, si sia già incontrato il suo corpo.

Può accadere di dovere inserire una funzione in una posizione, dispersa tra i moduli che compongono il programma, di cui non si ha la sicurezza della sequenzialità. È comunque possibile "imbrogliare" il compilatore usando la tecnica della pre dichiarazione.

Questa consiste nello scrivere in posizione primaria, nella sequenza di lettura del programma, la "firma" della funzione.

Ma, cos'è la firma?

La firma della funzione è genericamente programmata con una riga di codice contente la sequenza:

Tipo di ritorno -> nome della funziona -> (argomenti da elaborare all'interno della funzione) -> chiusura della funzione con il costrutto ";"

Vediamo un esempio.

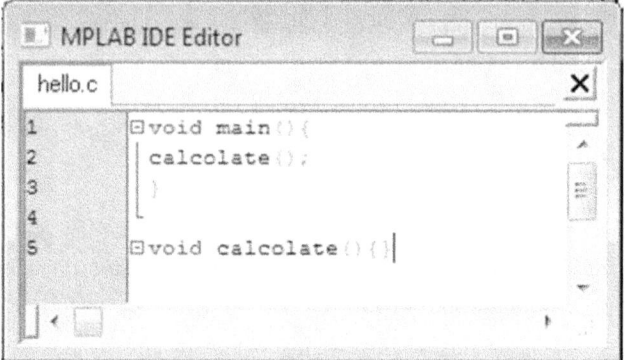

Eseguendo al compilazione verrà restituito il seguente errore:

Make: The target "C:\Users\Marco\Documents\PIC-Project\hello\hello.p1" is out of date.
Executing: "C:\Program Files (x86)\HI-TECH Software\PICC\9.80\bin\picc.exe" --pass1 C:\Users\Marco\Documents\PIC-Project\hello\hello.c -q --chip=16F876A -P --runtime=default --opt=default -D__DEBUG=1 -g --asmlist "--errformat=Error [%n] %f; %l.%c %s" "--msgformat=Advisory[%n] %s" "--warnformat=Warning [%n] %f; %l.%c %s"
Warning [361] C:\Users\Marco\Documents\PIC-Project\hello\hello.c; 2.1 function declared implicit int
Error   [984] C:\Users\Marco\Documents\PIC-Project\hello\hello.c; 5.17 type redeclared
Error   [1098] C:\Users\Marco\Documents\PIC-Project\hello\hello.c; 5.17 conflicting declarations for variable "calcolate" (C:\Users\Marco\Documents\PIC-Project\hello\hello.c:2)

********** Build failed! **********

 IL compilatore non è in grado di distinguere quando "calculate" è il nome di una funzione o la dichiarazione di un tipo di dato astratto. Come accennato in precedenza esistono due maniere di risolvere il problema.

Il primo modo consiste nello scrivere il corpo della funzione sopra alla chiamata e non sotto.
Il secondo modo è quello di pre dichiarare la funzione.
Il programma comincia come mostrato nella foto sottostante.

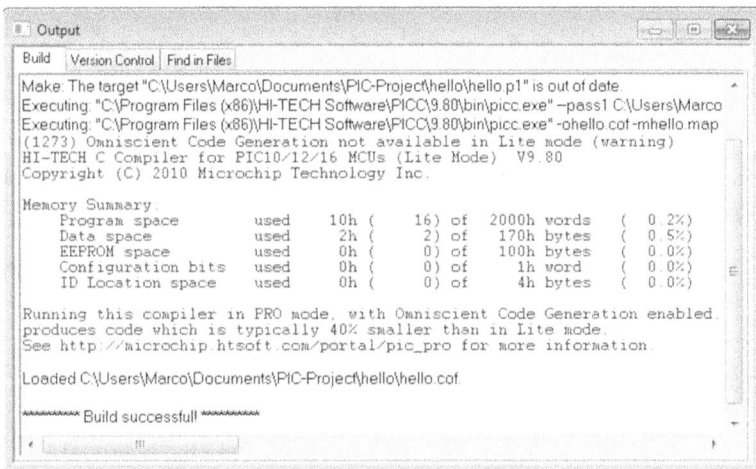

La compilazione, in caso di successo, restituisce una serie di utilissime informazioni quando cominceremo a sviluppare programmi professionali di un certo peso perché potremmo stimare la quantità di memoria flash necessaria a contenere il programma hex prodotto dalla fase di compilazione.

Nella prossima immagine è mostrato il messaggio di sistema.

La memoria richiesta è mostrata anche in modalità grafica agendo nel menu "View" nel pulsante "Memory Usage Gauge".

Si attiva la seguente finestra informativa in cui si nota che un programma così piccolo ha un'occupazione molto vicina a essere nulla.

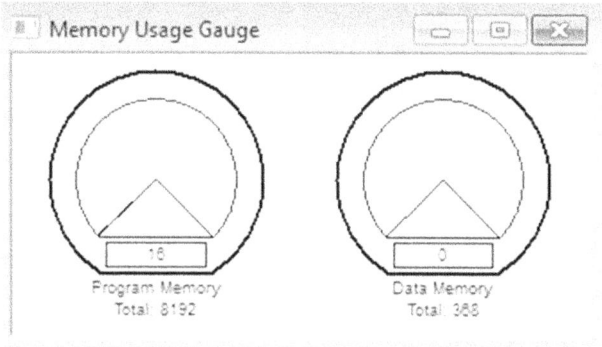

Vediamo una seconda maniera di risolvere il problema usando la pre didichiarazione della funzione.

Il codice sorgente cambia come mostrato nell'immagine qui sotto.

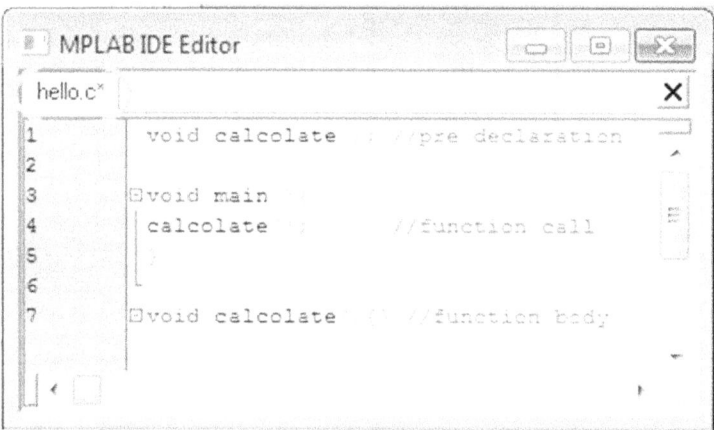

L'asterisco sul nome del programma indica che il file non è ancora stato salvato. La compilazione comprende anche l'azione del salvataggio del file. Se la compilazione va a buon fine il sistema risponde con "build successful!".

Tipi di dati standard del "C"

Durante l'esecuzione dei programmi i dati posso essere impostati per avere sempre lo stesso valore numeric, ovvero essere delle costanti, oppure con la facoltà di variare in tempo reale ovvero di essere delel variabili.

In entrambi i casi I dati sono memorizzati in aree di memoria caratterizzate da una specifica dimensione e distribuzione interna dei bit, chiamata format.

I tipi di dati standard del C sono:

Tipo	estensione (bit)	Tipo aritmetico
bit	1	Intero senza segno
char	8	Intero con o senza segno
unsigned char	8	Intero senza segno
short	16	Intero con segno
unsigned short	16	Intero senza segno
int	16	Intero con segno
unsigned int	16	Intero senza segno
short long	24	Intero con segno
unsigned short long	24	Intero con segno
long	32	Intero con segno
unsigned long	32	Intero senza segno
float	24	Reale
double	24 or 32	Reale

Radix format

Usando questa tabella è possibile scrivere in maniera diretta, usando dei formati numerici, le configurazioni dei PORT, pin per pin, nelle uscite digitali del PIC.

radix	Example of format	Example
binario	"0bnumero" oppure "0Bnumero"	0b10011010
ottale	0numero	0763
Decimale	numero	129
esadecimale	0xnumero o 0Xnumero	0x2F

Programmare tramite i registri.

La programmazione dei PIC alla fine dei conti risulta essere una sequenza di configurazioni di registri interni al dispositivo.

Questo concetto è fondamentale è va capito come primo passo prima di affrontare la programmazione reale.

Vediamo due semplici concetti di base, il TRIS e il PORT.

All'interno del PIC della serie 16 o della serie 18 sono due registri a 8 bit, ovvero posizioni in cui è possibile impostare dei bits.

Questi possono essere impostati in via definitiva all'inizio del codice o possono variare durante lo svolgimento dello stesso.

Possono entrambe assumere dei valori numerici secondo i Radix format, espressi all'inizio della pagina, oppure per forzatura, o per calcolo.

TRIS -> è il registro che impone la direzione del pin, ha una estensione a 8 bit, quindi se scriviamo la seguente riga di codice C, l'effetto è quello di impostare i primi 4 bit come input, e i secondi 4 come output.

TRISB=0b00001111; //è corretto scriverlo in maiuscolo

lo stesso significato ha l'impostazione tramite numero decimale qui sotto:

TRISB=15;

vediamo altri semplici esempi, supponiamo di volere invertire la situazione, ovvero i primi 4 bit come output e i secondi quattro come input. L'impostazione del registro sarà:

TRISB=0b11110000;

oppure in formato decimale

TRISB=240; // verificare la conversione usando la calcolatrice di windows

Se volessimo alternare, nel byte di uscita disponibile, gli ingressi e le uscite, potremmo impostare in questo modo:

TRISB=0b10101010; //equivalente a impostare con il numero decimale 170.

Il registro PORT imposta in quei bits impostati come uscite il significato di acceso o spento.

Ovviamente sarà acceso il pin di uscita che viene posto a 1 e spento il bit di uscita impostato a 0.

Vediamo un semplice esempio:

#include <pic.h>

TRISB=0b00001111;

void main(){

  PORTB=0b00000010; // equivale a impostare il decimale 2, accende RB1

}

Esistono delle funzioni predefinite che impostano dei ritardi, benché non sia il metodo più indicato per programmare sono di largo impiego.

Molti effetti di luce e azioni temporizzate si programmano usando le funzioni Delay.

Più avanti vedremo degli esempi di uso delle funzioni Delay e le impostazioni principali dei parametri che richiedono.

Uso delle uscite digitali.

Le uscite digitali del PIC posso fornire al massimo 25mA superare questo valore significa distruggere il punto di connessione del PIC. Normalmente lo stato basso del segnale è zero volt, mentre quello alto dipende dal valore Vdd che solitamente è 5V, ma che può scendere, in quei casi in cui la tecnologia nanowatt lo consente, fino a 3,3 volt.

Molti dei nuovi PIC sono progettati per funzionare a 3,3 volt.

Spesso i PIC sono alimentabili correttamente con la tensione fornita dalla porta USB di un computer, e risultano quindi adatti per la fabbricazione di strumenti e interfacce.

Con i 25 mA disponibili siamo in grado di pilotare qualunque transistor non solo di segnale ma anche alcuni di potenza. Potremmo quindi pilotare dei relè. Lo schema è il seguente.

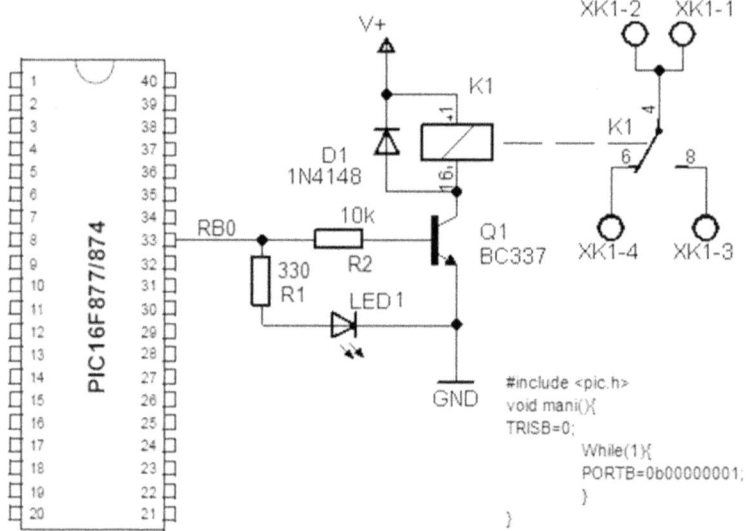

How to drive a load by relay

Uso degli ingressi digitali.

È fondamentale munire gli eventuali pulsanti di un sistema software di acquisizione con anti rimbalzo, al fine di non creare instabilità e commutazioni incerte.

Vi sono poche ma essenziali regole:

1. Munire i pulsanti di anti rimbalzo costituito da una doppia acquisizione tramite comando "if" con in mezzo una delay di non meno di 50mS.
2. Non introdurre segnali di input alternati
3. Rispettare i livelli di tensione dei segnali ponendoli pari al Vdd, quindi in generale sono +5V, e in alcuni casi +3,3V.
4. Acquisire i segnali di comando sempre tramite resistenza di pullup del valore di 10K, questo significa che l'azione universalmente accettata come migliore è normale 1, premuto zero, ovvero la logica negata.

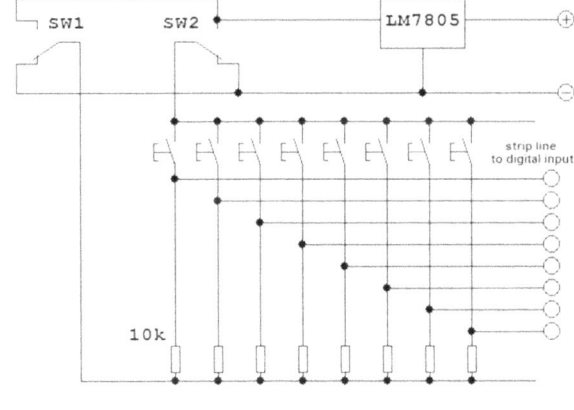

Questa interfaccia universale è un progetto G-Tronic, lo potete trovare completo di circuito stampato sul libro

"Let's GO PIC!!!"

edito su www.lulu.com

I pulsanti possono essere configurati in pull-up o in pull-down agendo sui due deviatori.

Nella prossima foto vediamo una semplice interfaccia utilizzata in uno dei progetti pubblicati nella Micro-GT community, visibile all'indirizzo www.gtronic.it

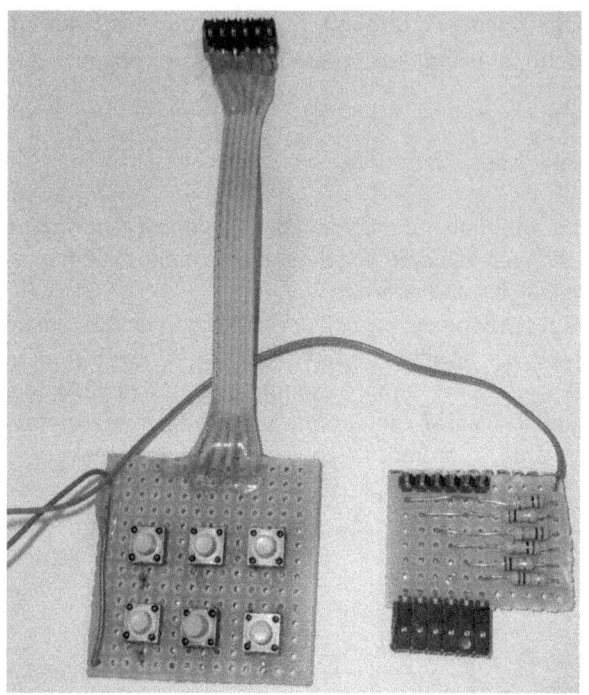

Come possiamo vedere i 6 pulsanti risultano collegati tramite cavetto flat, terminato con uno strip femmina a 6 vie, al PORT della Micro-GT mini che via software decideremo essere l'ingresso, previo interfacciamento con la scheda di destra in cui sono montate le 6 resistenze di pullup.

Nell'immagine l'interfacciamento completo.

Vediamo un semplice programma in gradi di leggere i pulsanti e accendere di conseguenza un LED di uscita della Micro-GT mini.

```
#include <pic.h>
#include 'delay.h'   //le funzioni daly sono salvate nella cartella di lavoro
Void main(){
    TRISA=0; //tutte uscite digitali
    TRISB=0; //tutte uscite digitali
    TRISC=0xFF; //tutti ingressi digitali
    #define PIC_CLK 20000000

    #define  P1  RC0 //pulsante P1
    #define  P2  RC1 //pulsante P2
#define  P3  RC2 //pulsante P3
#define  P4  RC3 //pulsante P4
    #define  P5  RC4 //pulsante P5
    #define  P6  RC5 //pulsante P6
    #define  LD1 RB0 //led 1 su RB0
    #define  LD2 RB1 //led 1 su RB1
    #define  LD3 RB2 //led 1 su RB2
    #define  LD4 RB3 //led 1 su RB3
    #define  LD5 RB4 //led 1 su RB4
    #define  LD6 RB5 //led 1 su RB5
while(1){
/************* gestione pulsante P1 con LED 1 **************/
    if(P1==0){    //azione normale 1 premuto zero
```

```
        DelayMs(100); //ritardo antirimbalzo
        if(P1==0){
        LD1=1; //accendo LED se pulsante premuto
        }
        }
    else{
        LD1=0; //spengo led se pulsante non è premuto
        }
        // con il copia e incolla vanno realizzati gli altri 5 pulsanti.
    } //fine del corpo del ciclo while infinito
} //fine del corpo della funzione main
```

La tecnica più corretta, spendibile a livello industriale, per l'acquisizione di un ingresso digitale è quella dell'optoisolamento. È necessario usare degli accoppiatori ottici che hanno l'aspetto di circuiti integrati.

Lo schema elettrico, con una bozza di programma di acquisizione, è il seguente.

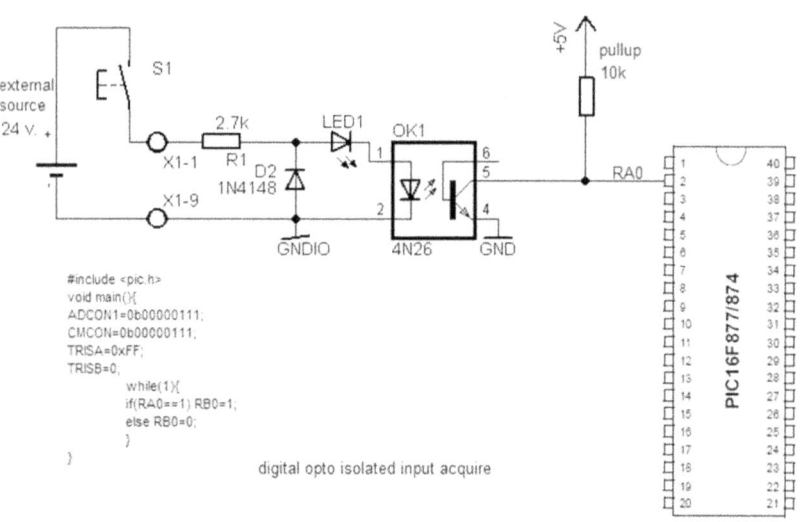

digital opto isolated input acquire

Cavo seriale

Per poter funzionare il sistema necessita di un cavo seriale che colleghi il tratto di uscita dal convertitore da USB a RS232 con la piedinatura indica in figura:

Micro-GT mini com cable. usefull for bootloader or RS232 PC side

Va ricordato che l'adattatore USB -> RS232, che userete nei portatili, deve essere ipotizzato come "interno" al PC, e che il suo connettore rappresenta quello che troverete fisso sul retro dei PC desktop. Per questo motivo non lo dovrete collegare direttamente alla porta della Micro-GT ma è essenziale usare il tratto di cavo che costruirete come da schema sovrastante. Questo non è un cavo seriale standard e non deve essere sostituito con un qualunque cavo che potete trovare in giro, pena la distruzione del MAX232. Un sovra riscaldamento del regolatore di tensione indica che state usando un cavo errato e la scheda deve essere spenta immediatamente.

Negli starter KIT acquistabili in internet o distribuiti nei FABLAB il cavo è compreso assieme al presente libretto di partenza immediata.

Attenzione: Se auto costruite il cavo non guardate i numeri interni sul lato frontale dei connettori, ma quelli posteriori sul lato saldature altrimenti rischiate di costruire un cavo non funzionante.
Se non avete un cavo a 9 conduttori si può usare un cavo a 4 più calza o più schermo. funzionerà esattamente nella stessa maniera

L'aspetto finale del cavo ottenuto è noto a tutti, ma per i meno esperti ricordiamo che dobbiamo vedere un connettore maschio che andrà connesso alla Micro-GT e uno femmina che andrà connesso al convertitore USB->RS232 oppure alla porta COM del PC desktop (ove provvisto di questa porta).

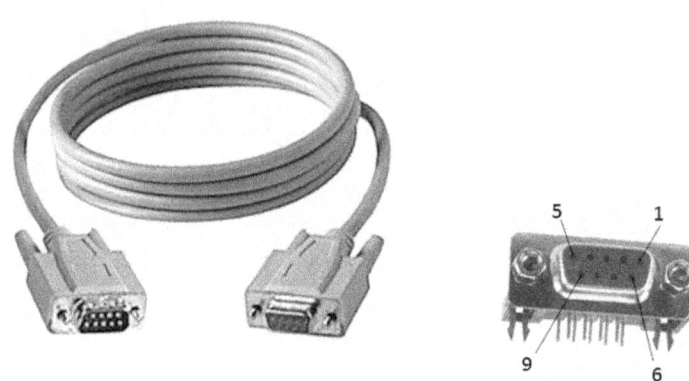

La tabellina riassuntiva del cavo a 5 conduttori, lato saldature, è:

femmina		maschio
5	>	1
2	>	4
3	>	3
8	>	7
7	>	8

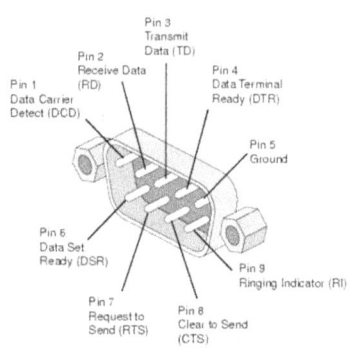

Sempre a titolo di promemoria riporto anche le assegnazioni standard dei connettori Cannon DB9. È evidente dalla numerazione che i pin del maschio sono simmetrici rispetto a quelli della femmina.

46

Programmazione tramite bootloader.

Un bootloader è una sorta di "sistema operativo" scritto appositamente per il PIC avente la funzione di consentire la programmazione LVP (programmazione a bassa tensione) del dispositivo usando anche la sua sola porta seriale.

Il sistema è diviso in due software, uno il bootloader propriamente detto e il secondo è il downloader. di entrambi esistono molteplici versioni anche open surce e customizzabili secondo le rispettive licenze di rilascio.

In questo link il downloader aggiornato testato e funzionante

http://www.gtronic.it/community/download/bootloader.zip

Dai successivi due link è possibile scaricare i bootloader specifici per le velocità di comunicazione e frequenza del quarzo indicati:

UserFiles/ad.noctis/bootloader 16F876A 4Mhz 9600.rar

UserFiles/ad.noctis/bootloader 16F876A 20Mhz 38400.rar

Operativamente si proceda come segue:

1. Caricare il bootloader specifico nel PIC che si intenderà usare nella propria Micro-GT mini, tale scelta sarà subordinata al tipo di utilizzo e di programmazione che si intende "mediamente" svolgere. Importante è montare il quarzo corrispondente e settare la porta seriale "anche virtuale convertita da USB come normalmente si fa nei portatili, alla velocità indicata. Nei numerosi test eseguiti i due bootloader sopra forniti si sono comportati magnificamente. Ovviamente il bootloader va caricato usando un programmer, ad esempio la Micro-GT PIC versatile IDE, ma <u>in mancanza di tale strumento potrete richiedere la vostra copia di Micro-GT mini con bootloader precaricato.</u>
2. scompattare il "downloader" sul desktop del vostro computer. Personalmente ho usato win7 a 64 bit. Si tratta di un file exe e non comporta una vera istallazione. Una volta lanciato, aprite il .hex

ottenuto come sorgente compilato con i metodi spiegati nei precedenti episodi di "Let's go pic !!!" o qualsiasi altro metodo. Ricordatevi che l'impostazione dei fuse non è eseguita da questo downloader, quindi dovrà essere implementata all'interno del codice sorgente "C". Per intenderci, nei primi programmini quali ad esempio il classico supercar usato come test di funzionalità del PORTB e la sua connessione agli 8 led onboard, disabilitate il watchdog e ogni altro fuse tranne il LVP e il write enable.

3. quando lancerete la scrittura sul PIC, il downloader risponde con "searching for bootloader", per agganciare la comunicazione dovete celermente agire sul tasto di reset della Micro-GT mini. Vedrete la barra progresso avanzare con una velocità sorprendente, specialmente se avete usato il bootloader a 38400 (quello da 20Mhz), ed ovviamente avete impostato la velocità della porta a quel valore sul vostro sistema operativo.
4. Naturalmente, se avete un notebook o un netbook, siete collegati tramite un normale ed economico convertitore USB->RS232. Ne abbiamo provati diversi ed hanno funzionato tutti.
5. Sia che abbiate la porta COM nativa oppure la stiate emulando con un convertitore USB->RS232 dovrete impostare sul pannello di controllo del PC la velocità della porta in modo pari a quella del bootloader inserito nel PIC, nel nostro caso 38400bps.

A questo punto facciamo doppio click sull'icona del PIC_downloader, con l'aspetto che vediamo qui sotto.

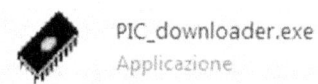
PIC_downloader.exe
Applicazione

L'interfaccia è semplice ed essenziale, tutto quello che non è strettamente necessario non è stato messo.

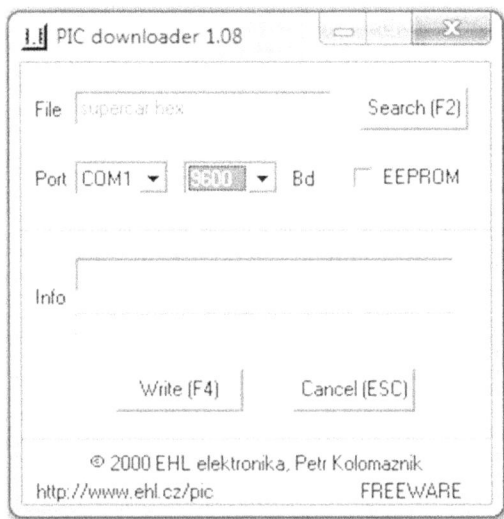

Interfaccia del PIC downloader.

Prima di cliccare su Write verifichiamo alcune condizioni

1. Il cavo RS232 presentato in precedenza sia connesso.
2. I settaggi della porta seriale COM1 siano corrispondenti a quelli impostati sul PIC downloader, se questo non fosse vero allora vanno impostati su control panel->system->hardware. Particolare attenzione va posta per la velocità di trasferimento.
3. Assicuriamoci che la Micro-GT mini sia accesa.

Non serve nient'altro, quindi clicchiamo su "write". Ill downloadar risponderà con "searching for bootloader".

Appena compare questa scritta premiamo il tasto di reset nella Micro-GT mini.

A questo punto vedrete trasferire il programma ad una velocità sorprendente.

Impostazione del registro dei Fuses

I fuse determinano il comportamento dei PIC in alcune situazioni che potremmo considerare di sistema, ad esempio come si deve comportare dopo un reset, se4 è necessario o meno abilitare il wach dog timer, ecc. Alcuni vecchi compilatori non necessitano del define del _LEGACY_HEADER

Nella riga di codice sottostante tutti i fuses vengono abilitati.

#define _LEGACY_HEADERS

__CONFIG (HS & WDTEN & PWRTEN & BOREN & LVPEN & DPROT & WRTEN & PROTECT);

Nei programmi didattici è molto più ricorrente la situazione in cui tutti i fuse sono disabilitati, ovvero la situazione opposta di quella qui sotto riportata.

L'impostazione dei fuses all'interno del firmware rende inutile quella fattibile ad un livello più esterno, ovvero tra i comandi dell'ambiente di sviluppo integrato MPLAB.

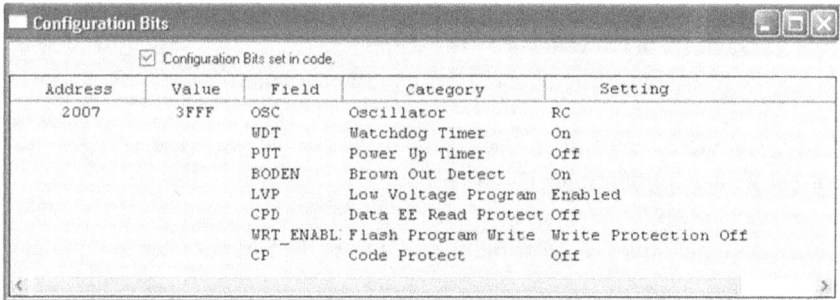

Il C riconosce le seguenti parametrizzazioni per il registro dei fuses:

osc configurations	brown out reset	Flash memory write enable/protect
RC 0x3FFF // resistor/capacitor HS 0x3FFE // high speed crystal/resonator XT 0x3FFD // crystal/resonator LP 0x3FFC // low power crystal/resonator	BOREN // enable brown out reset BORDIS // disable brown out reset	WRTEN /* flash memory write enabled */ WRTDIS /* flash memory write protected/disabled */
watchdog	Low Voltage Programmable	debug option
WDTEN // enable watchdog timer WDTDIS // disable watchdog timer	LVPEN // low voltage programming enabled LVPDIS // low voltage programming disabled	DEBUGEN // debugger enabled DEBUGDIS // debugger disabled
power up timer	data code protected	code protection
PWRTEN // enable power up timer PWRTDIS // disable power up timer	DP // protect data code // alternately DPROT // use DP DUNPROT // use UNPROTECT	PROTECT /* protect program code */ UNPROTECT /* do not protect the code */

Micro-GT programmer riconosciuto dal software PICPROG2009

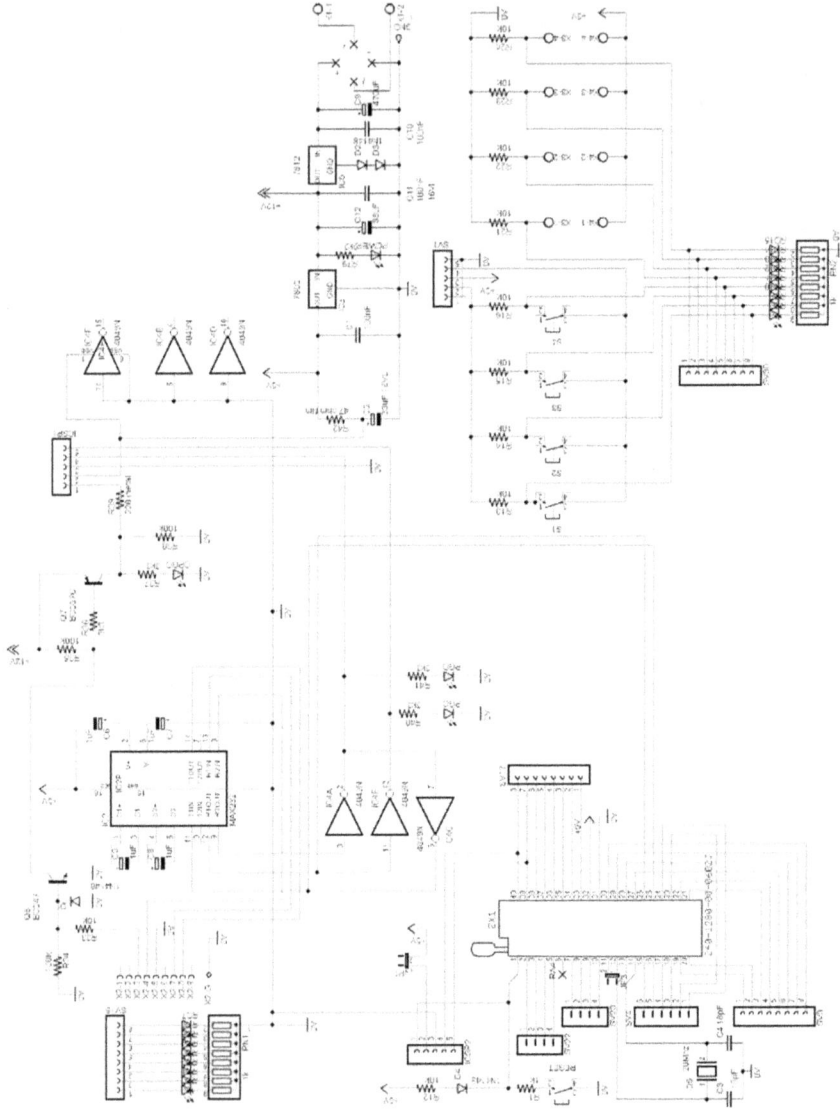

Interfaccia Micro-GT 4 Darlighton, 8 Ampere

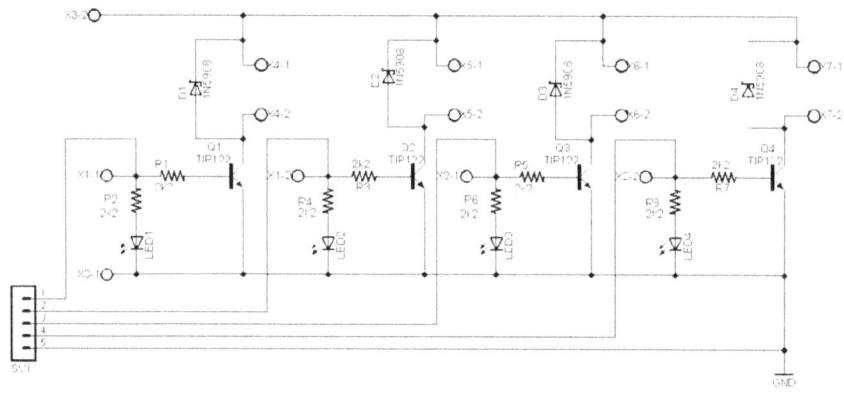

Interfaccia a 4 canali Mosfet con canale N, 20 Ampere

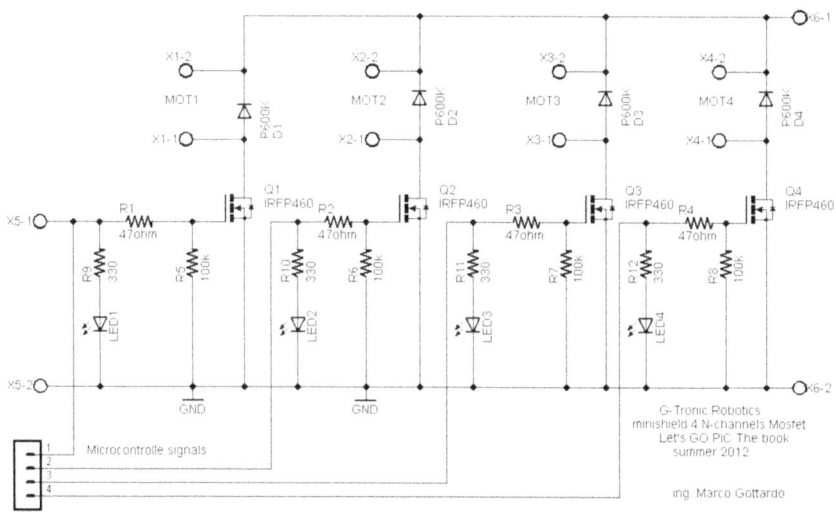

Interfaccia Micro-GT Power inverter

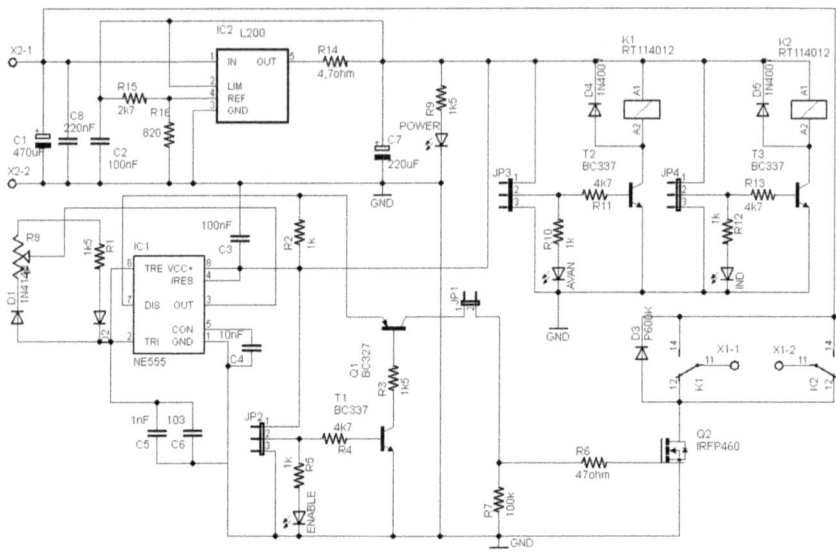

Interfaccia Micro-GT per motori passo/passo

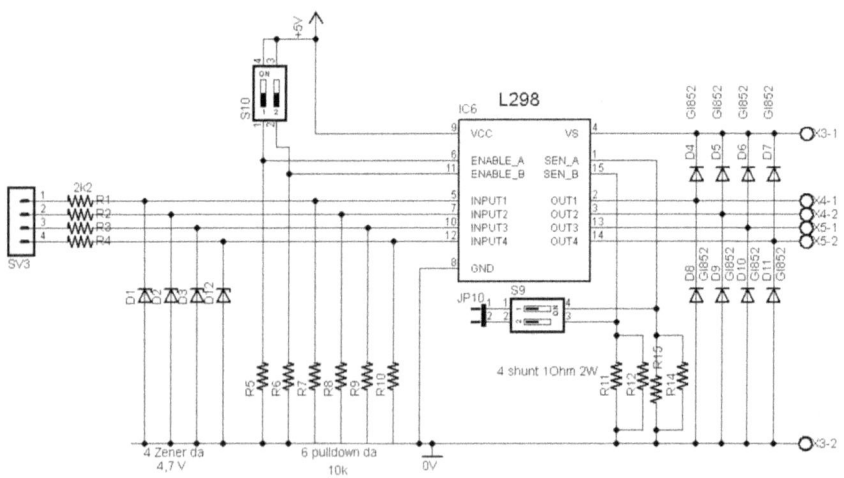

Interfaccia Micro-GT 8 uscite rele 12 Ampere

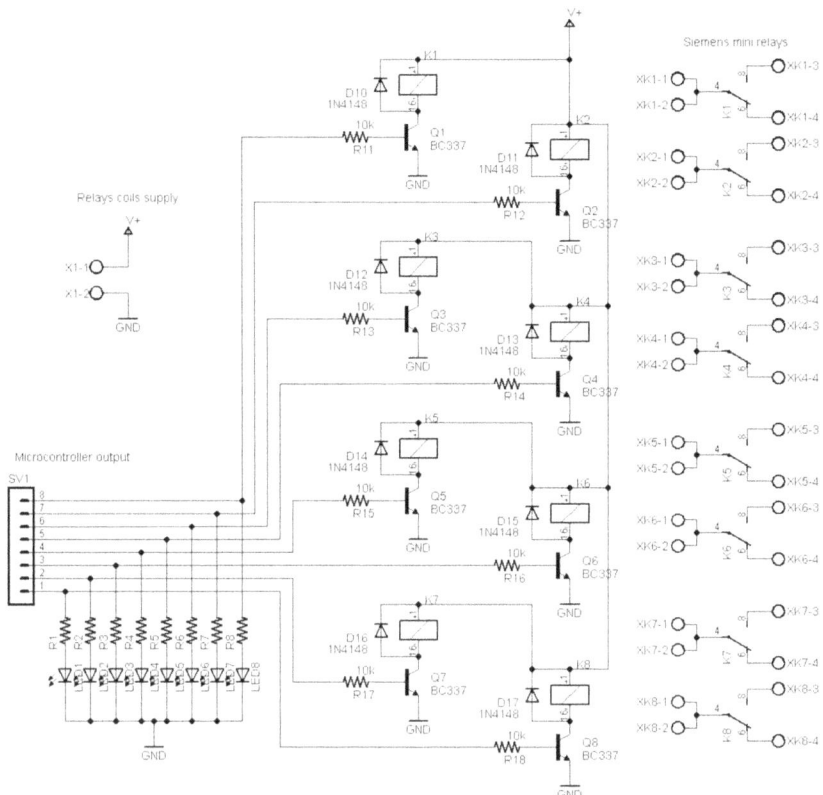

Questa interfaccia può essere utilizzata per controllare 8 piccoli motori per asservimenti in marcia e arresto, oppure 4 motori in marcia e arresto ed inversione di marcia.

Lo schema di cablaggio per entrambi le soluzioni che mostra come collegare i motori e le alimentazioni, si trova sul libro "Let's GO PIC!!!" acquistabile su www.lulu.com

Interfaccia Micro-GT 8 ingressi opto isolati

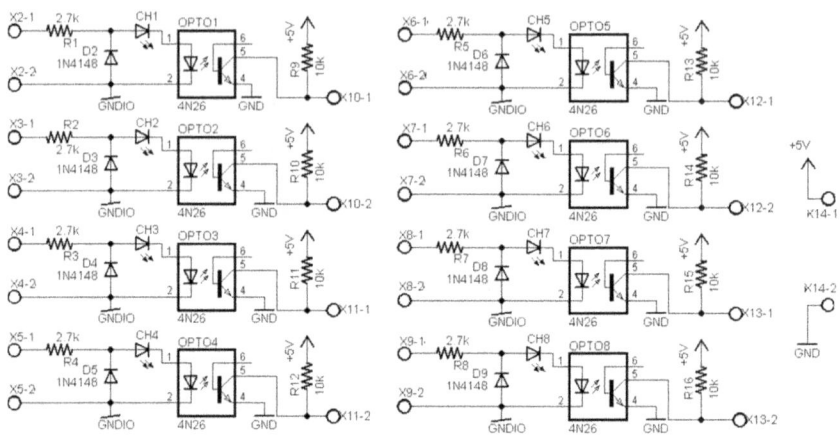

Interfaccia Micro-GT moltiplicazione delle uscite

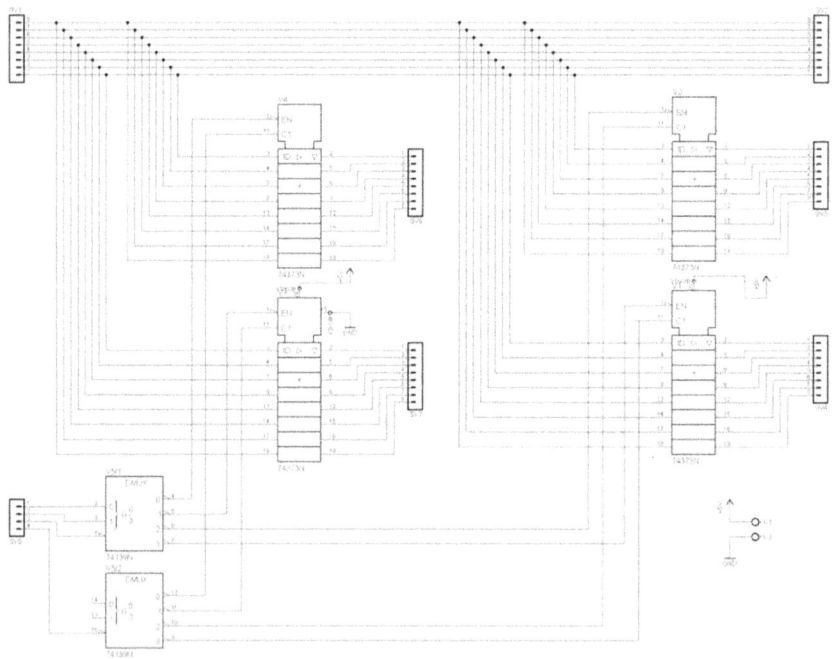

Interfaccia Micro-GT Display universale anodo/catodo comune

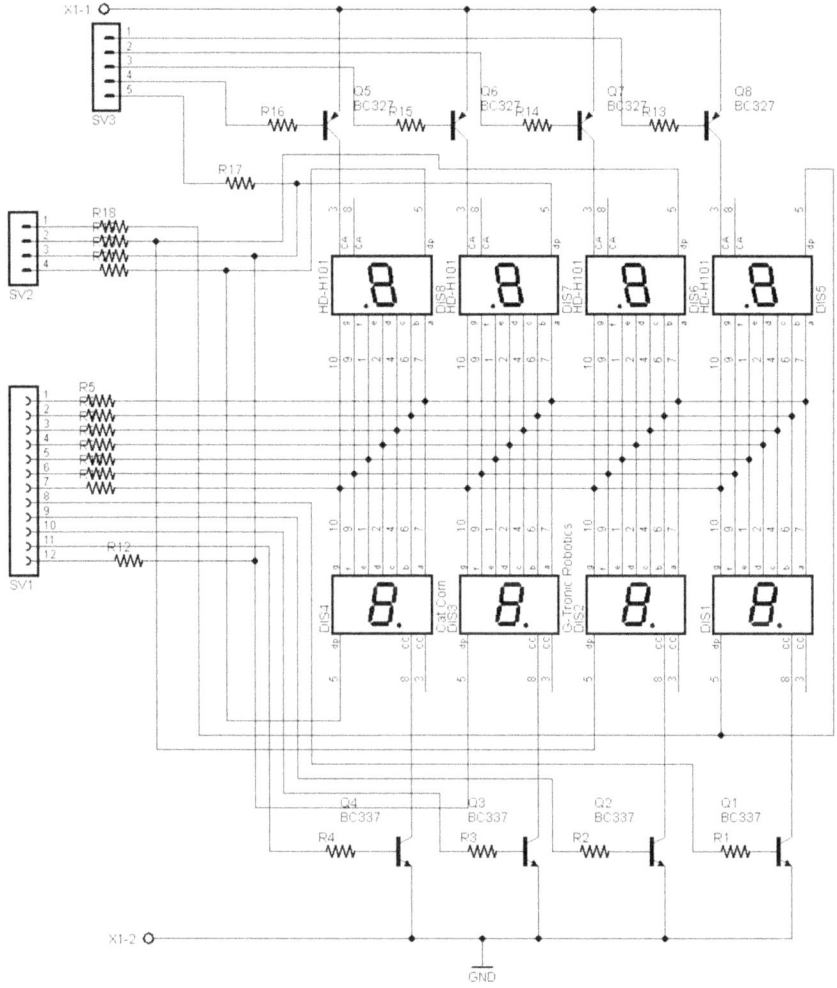

Queste interfaccia consente l'assemblaggio di display a anodo o a catodo comune in maniera separata, ovvero o si usano gli uni o gli altri. È bene per questo motivo saldare uno zoccolo DIL a 40 pin, il medesimo che si userebbe per il PIC 16F877A, cosi che i display risultino interscambiabili.

Lo schema completo e il layout dei componenti sono visibili sul libro "Let's GO PIC!!!" acquistabile sul sito www.lulu.com

Interfacciare ingressi a 24V dc

In ambito industriale le tensioni continue fornita da apparati sensoriali quali fotocellule e fine corsa è di 24 Vdc.

I sistemi di controllo a microcontrollore o microprocessore solitamente hanno ingressi TTL, ovvero a +5Vdc

È possibile effettuare l'interfacciamento con questo semplice trucco che consiste nell'utilizzare degli zener di valore il più possibile prossimo ai 5 Vdc.

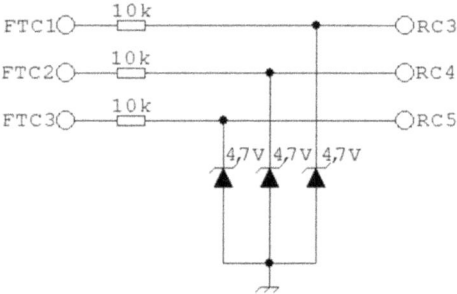

Questa semplice interfaccia può essere costruita usando una basetta millefori.

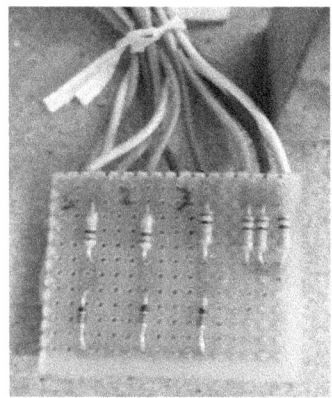

La soluzione non è però in grado di risolvere il problema dell'opto isolamento. Risulta ottimale per applicazioni domestiche, per giocattoli, miniature di automazioni, modellismo, tesine come l'ascensore a tre piani, ecc ecc.

Effetto luci supercar

```
#include <pic.h>
#include "delay.h"
#include "settaggi.h"

void supercar(void){
        PORTB = 0b0000001;
        DelayMs(255);
        for(int i = 0; i < 7; i++){
        PORTB = PORTB << 1;
        DelayMs(255);
        }
        for(int j = 0; j < 6; j++){
        PORTB = PORTB >> 1;
        DelayMs(255);
        }
   }

void pong(void){
        PORTB = 0b10000001;
        DelayMs(255);
        PORTB = 0b01000010;
        DelayMs(255);
        PORTB = 0b00100100;
        DelayMs(255);
        PORTB = 0b00011000;
```

```
        DelayMs(255);
        PORTB = 0b00100100;
        DelayMs(255);
        PORTB = 0b01000010;
        DelayMs(255);
    }

void main(void){
        settaggi(); //impostazione della direzione e del preset dei PORT
        while(1){
            if(RA0 == 0){
                DelayMs(25);
                if(RA0 == 0){ // doppio controllo anti rimbalzo
                    supercar();
                }
            }
            if(RA0 == 1){
                pong();
            }
        }
    }
```

In un file esterno, che va salvato con il nome "settaggi.h" scriveremo la funzione "settaggi()" e le impostazioni dei registri dei fuse e altri, come sotto indicato.

```
void settaggi(){

    __CONFIG (HS & WDTDIS & PWRTDIS & BORDIS & LVPDIS & DUNPROT & WRTEN & DEBUGDIS & UNPROTECT);

    //ADCON1=0b00000111; //disabilita gli ingressi analogici: 00000111 (cioe' 7)
    //CMCON=0b00000111;  //disabilita i comparatori analogici
    ADCON1=0b00000111;   // disabilita gli ingressi analogici
    CMCON=0b00000111;    //disabilita i comparatori

                TRISA = 0xFF;      // tutte uscite per evitare interferenze
                TRISB = 0x00;      // uscite comandi
                TRISC = 0xF8;      // bit 6-7 Seriale
                PORTB = 0x00;      // azzera il PORT B
                PORTC = 0x00;      //azzera il PORT C
                TMR0=0x00;
                INTCON=0b10100000; //registro che determina le funzionalità di interrupt
                PIE1=0x00;
```

```
PIE2=0x00; PIR1=0x00; PIR2=0x00; OPTION=0b10000111; GIE=0x01;
T0IE=0x01; T0CS=0x00; PSA=0x00;PS2=0x01; PS1=0x01; PS0=0x01;
}
```

Questa funzione potrà essere utilizzata come base per qualunque programma, ovviamente con gli adattamenti dovuti al caso, ad esempio le righe in cui sono commentati, ovvero resi inerti rispetto alla compilazione, i registri ADCON1 e CMCON. Nel caso volessimo acquisire i segnali analogici basterà togliere il doppio slach (nella tastiera si trova sopra al numero 7) che commenta la riga.

Lettura di un canale analogico

```
#include <pic.h>
#include "delay.h"
#include "ADC.h"
#include "settaggiADC.h"

void main(){   //Routine principale...
settaggiADC();
unsigned int valore1;
unsigned int incr;

ADCON1 = 0b10000000;
incr=(smax-smin)/8;
  while(1){
  valore1=leggi_ad(0);
if((valore1>=smin+5*incr)&&(valore1<=smin+6*incr)){ //verifica se il segnale ha un certo valore
        PORTB=0b00010000;
        }
    }
}
```

file settaggiADC.h
---- 	
void settaggiADC(){
TRISA=0XFF;
TRISB=0;
TRISC=0;
PORTB=0;
PORTC=0;
}
	file ADC.h con la funzione di acquisizione analogica e assegnazione del valore convertito in numero intero
	---- 	
	/***
	* MODULO PER LA LETTURA DEI CANALI ANALOGICI *
	* chiamare la funzione leggi_ad(n); *
	* dove n: numero del canale in ingress *
	**/
	int leggi_ad(char canale)
	{
	int valore;
	ADCON0 = (canale << 3) + 0xC1; // enable ADC, RC osc.
	DelayUs(10); //Ritardo per dare modo all'A/D di stabilizzarsi
	ADGO = 1; //Fa partire la conversione
	while(ADGO)
	continue; //Attende che la conversione sia completa
	valore=ADRESL; //Parte bassa del risultato
	valore= valore + (ADRESH<<8); //Parte alta del risultato
	return(valore);
	}

Glossario

PIC = Controllore di periferiche integrate, è diverso da un microprocessore perché oltre al core integra nello stesso chip un numero anche molto elevato di dispositivi atti al controllo dl campo o alla ricezione di segnali da esso.

Clock = Segnale di sincronia, ad onda quadra, che può essere generato sia internamente al PIC che esternamente. Il clock esterno si origina con una configurazione a P-greca costituita da un quarzo e da due condensatori ceramici i cui valori sono abbastanza standardizzati, ad esempio Q=4Mhz -> C=22pF, oppure Q=20Mhz -> C=18pF. Le nuove serie di microcontrollori dispongono di clock interni molto stabili e veloci.

LVP = programmazione a bassa tensione, è quella tecnica che consente all'area flash eeprom del PIC di essere sovrascritta con livelli di tensione tipicamente TTL. Quando si usa questa tecnica è necessario installare un bootloader nel PIC e usare un downloader nel PC. Il primo è un firmware e il secondo un software. Benché sia consigliato usare le porte COM hardware, ovvero usi il protocollo seriale EIA-RS232C come nativo, è ben testato al funzionamento con i comuni adattatori USB->RS232, molto diffusi ed economici. Molti video su youtube mostrano il funzionamento della Micro-GT mini con questi adattatori abbinati anche ai netbook.

ICSP=programmazione dell'area flash del PIC in modalità seriale e senza rimuovere il chip dalla scheda elettronica finale. La programmazione ICSP avviene tramite un connettore a 5 fili. La Micro-GT mini dispone di questo connettore ed è direttamente interfacciabile ai dispositivi di programmazione PICKIT2 e PICKIT3 della casa MicroChip. Quando si programma la Micro-GT tramite uno di questi due dispositivi si essa verrà riconosciuta, anche se indirettamente, dal MP-LAB.

USART = universl sincronus asincronus reciver transmitter, ovvero quella periferica hardware integrata nel chi che si prende carico di convertire le stringhe di bit che arrivano in sequenza in numeri binari memorizzati in appositi registri. Senza questa periferica la trasmissione/ricezione seriale non sarebbe possibile.

Piedinatura del PIC 16F877A

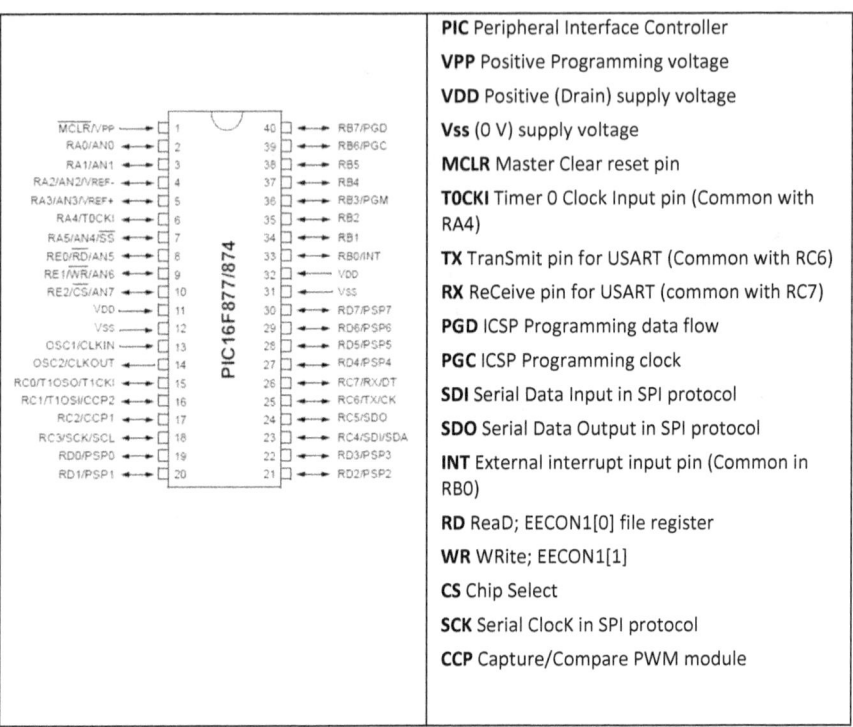

PIC	Peripheral Interface Controller
VPP	Positive Programming voltage
VDD	Positive (Drain) supply voltage
Vss	(0 V) supply voltage
MCLR	Master Clear reset pin
T0CKI	Timer 0 Clock Input pin (Common with RA4)
TX	TranSmit pin for USART (Common with RC6)
RX	ReCeive pin for USART (common with RC7)
PGD	ICSP Programming data flow
PGC	ICSP Programming clock
SDI	Serial Data Input in SPI protocol
SDO	Serial Data Output in SPI protocol
INT	External interrupt input pin (Common in RB0)
RD	ReaD; EECON1[0] file register
WR	WRite; EECON1[1]
CS	Chip Select
SCK	Serial ClocK in SPI protocol
CCP	Capture/Compare PWM module

Bibliografia

Gottardo, M. (2012, 5 settembre). *Let's GO PIC!!! The book.* Vigonovo Venezia: Edizioni Gottardo, www.lulu.com.

Gottardo, M. (2012, 14 novembre). *Let's program a PLC!!!.* Vigonovo Venezia: Edizioni Gottardo, www.lulu.com.

Gottardo, M. (2015, 15 gennaio). *Let's Program a PLC!!! Esercizi di programmazione dei PLC modelli S7300-400 e S7200 TIA Portal S7-1200 WinCC flexible per HMI,* Vigonovo Venezia: Edizioni Gottardo, www.lulu.com

Altre edizioni di Marco Gottardo (disponibili su www.lulu.com)

	Let's GO PIC!!! The book € 50,00 Marco Gottardo ISBN: 978-1-291-06199-4 Corso completo, seppur mirato ai principianti, di programmazione dei microcontrollori PIC, su piattaforma MpLab e hardware Micro-GT. Contime molti esercizi ed esempi in Hitech C e Ladder PIC. Tre tesine completamente svolte.
	Let's program a PLC !!! € 30,00 Marco Gottardo ISBN: 978-1-291-18932-2 Il corso di programmazione dei PLC Siemens, di Marco Gottardo è quanto di più applicativo attualmente fornisce il mercato. Nasce come risposta delle esigenze non solo dei programmatori in fase di formazione ma anche dei tecnici istallatori e manutentori. S7-300 e 400 con programmazione HMI tramite WinCC Flexble
	Let's Program a PLC!!! Esercizi di programmazione dei PLC modelli S7300-400 e S7200 TIA Portal S7-1200 WinCC flexible per HMI (Marco Gottardo). ISBN: 9781326143312 Questo libro, edito nel 2015, è l'estensione della versione scolastica verso applicazioni professionali aggiornate alle nuove piattaforme software. Introduce TIA Portal,Simatic Step 7 V.5.5, il MicroWin e il WinCC. Contiene 21 esercizi svolti. Contiene 23 esercizi proposti. Nella nuova sezione progetti professionali ci sono 4 lavori reali tra cui l'auto apprendimento contenuto in una stiratrice automatica, l'impiego di sistemi HMI programmati tramite WinCC connessi in Profibus. Di estrema importanza è il parcheggio interrato convertibile in magazzino automatizzato. Di altrettanto interesse un pannello solare a inseguimento di cui sono esposte tutte le fasi costruttive, la meccanica, la conversione statica dell'energia, il controllo tramite PLC. Nella sezione programmazione avanzata si interfaccia un motore asincrono trifase a un convertitore statico, inverter, aprendo la strada a tutte le applicazioni reali. Testo unico nel suo genere che va ben oltre la normale didattica sul PLC

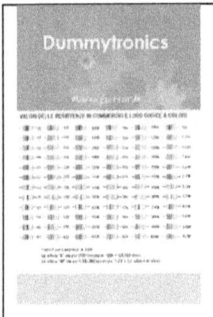

Dummytronics € 16,00

Marco Gottardo

Corso di elettronica di base specifico per la formazione professionale e l'hobbista. Contiene molti progetti, esercizi ed esempi. Testo ben collaudato ai corsi del centro culturale ZIP della zona industriale di Padova.

Operazionali € 15,75

Marco Gottardo

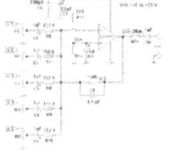

Questo testo guiderà il lettore alla scoperta degli amplificatori operazionali e al loro impiego in elettronica con ampie spiegazioni teoriche del loro utilizzo e applicazioni pratiche. Si caratterizza come la diretta continuazione di Dummytronics, con il medesimo approccio teorico-pratico, adatto sia all'hobbista alle prime armi che a persone più esperte.

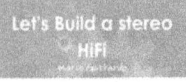

Let's Build a stereo HiFi € 21 ed. www.lulu.com

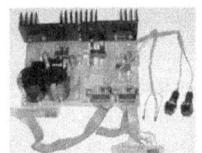

Costruire amplificatori stereo HiFi è un ambito dell'elettronica affascinante e grazie ai circuiti integrati sigle ended di approccio morbido anche per il principiante. Qui sono presentate moltissime soluzioni assemblate e collaudate con dettagliate spiegazioni costruttive. L'amplificatore principale è un 40+40Watt realizzato con TDA2051 della ST con mixer a 5 ingressi, selettore digitale dei canali, preampli con controllo di toni, volume, bilanciamento, filtro loudnees e VU-meter a 10+10 led. Imparerete a calcolare la potenza RMS, a distinguere la classe dell'amplificatore a progettare sistemi ibridi integrati/transistor finali di potenza. Tra i numerosi schemi un potente amplificatore da 350W, un sistema home theatre con filtri attivi e sub woofer da 200w.

	A.L.S.I. appunti di disegno tecnico industriale per gli studenti lavoratori della scuola d'ingegneria di Padova € 12,38 Marco Gottardo ISBN: 978-1-291-09238-7 Guida per affrontare e superare l'esame di "Istituzioni di disegno tecnico" con tavole dei disegni ed esercizi.
	Let's GO PIC !!! Essentials (edizione per le scuole) Disponibile solo su Amazon.it Let's Go Pic Essentials: Now Based on Micro-gt Ide and Mplab X (Inglese)Prezzo ridotto rispetto all'edizione standard, adattato agli studenti delle scuole superiori. Copertina flessibile: 300 pagine Editore: CreateSpace Independent Publishing Platform; 1 edizione (ottobre 2013) Lingua: Inglese ISBN-10: 1492851523 ISBN-13: 978-1492851523 Peso di spedizione: 862 g
	Centro culturale ZIP corso assemblatore di PC € 24,75 Testo che introduce alla moderna professione del tecnico impiegato nei negozi di computer, o installatore e manutentore d'impianti multimediali. In primo piano è messo l'hardware del PC con sconfinamento nei sistemi operativi, di cui si fa anche un'esaustiva cronistoria. Il lettore imparerà a risolvere i più problemi più comuni, quali la configurazione di una rete locale, l'accesso a internet e la configurazione della posta elettronica.Di grande importanza i capitoli dedicati alle impostazioni del WiFi e delle periferiche più comuni, stampante, il fax lo scanner ecc.

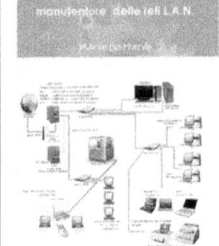

Amministratore, installatore, manutentore delle reti L.A.N (disponibile online su www.lulu.com)

ISBN: 9781291357776 (694 pagine)
Ottimo supporto per quei tecnici che dovranno ricoprire il ruolo di amministratore dei server e dei sistemi. La teoria non è trascurata, come anche la terminologia tecnica si vedano i capitoli che riguardano il TCP/IP e il glossario di fine libro. Il libro è incentrato sulla versione Windows Server 2012, ma non trascura anche le versioni precedenti, Windows server 2003 e Windows server 2008, e dei client Windows 8. Ben sviluppato è il capitolo su Active Directory. Approfondita esposizione del sistema RAID

Let's Hack !!! Note sui virus trojan e worms IMPLEMENTAZIONE DI PROGRAMMI "TSR" E CONSIDERAZIONE SUL LORO UTILIZZO ILLEGALE A SCOPO DI SPIONAGGIO INDUSTRIALE. € 60,00

Let's Hack !!! Ci proietta nell'affascinante mondo dello spionaggio informatico industriale. La teoria e la programmazione di un virus di generazione Trojan horse è il cuore di questa pubblicazione dell'ing. Marco Gottardo, basata su un lavoro accademico realizzato in territorio svizzero. I sorgenti sono stati sviluppati in Visual C++ e sono facilmente convertibili in C# che si trova

contenuto nella nuova piattaforma .NET di Visual Studio 2012. Importanti sono le considerazioni sull'uso illegale dei programmi TSR per scopo di spionaggio industriale, quindi l'ultimo capitolo, delegato a studenti di magistero che si stanno specializzando in frodi informatiche sia nel territorio italiano che estero. Il programma ha i sorgenti depositati in territorio svizzero e il loro diretto utilizzo non è consentito in territorio italiano.

Pubblicazione per la Robotica

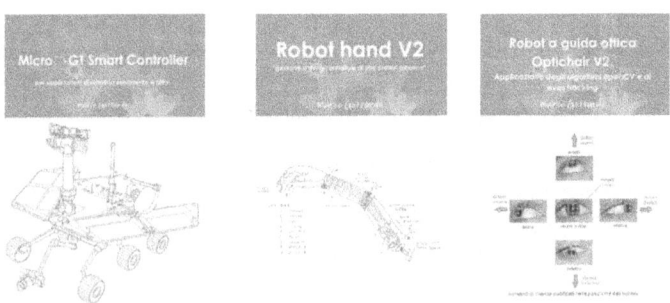

PCB disponibili a richiesta scrivere a ad.noctis@gmail.com

Nome circuito stampato	Anteprima	Costo (esclusa spedizione)
Micro-GT mini Scheda mini demoboard per programmazione dei PIC a 28 PIN con porta seriale, prese per 14 servo con alimentazione separata.		5€ Dispone di 8 uscite digitali LED. Tutti i punti di I/O sono disponibili in pullup o pulldown, su strip line. Ottimo per laboratori scolastici
Micro-GT versatile IDE Programmer demoboard unica al mondo con interfacce di potenza, ponte H, motori stepper, ecc. Doppio quarzo. Display LCD testo e grafici.		15€ Dispone di 24 uscite LED, Display 4 digit led, 16 ingressi NC o NA, compatibili con PICPROG 2009 e PICKIT2/3 per la programmazione
Micro-GT Smart controller Potente driver per 2 motoriduttori DC, fino a 20 A, in velocità e senso di marcia, programmazione LVP o ICSP		15€ 2 canali PWM hardware, PIC a 18 pin onboard, comunicazione seriale, predisposto per 14 servomotori o interfacciamento con molti PWM power inverter
Micro-GT PWM power inverter Inversione di marcia a relè con PWM hardware integrato, per motori DC fino a 20 ampere		5€ Interfacciabile a qualunque dispositivo a microcontrollore della serie Micro-GT, pieno controllo hardware e software del motore
Micro-GTDC-Motor controller 1 canale hardware PWM, controllo a microprocessore a 18 pin, ottimo per moto elettriche	Antemprima non conforme al definitivo	10€ Ottimale per sviluppare automazioni in cui si debba invertire la marcia e controllare la velocità di un motoriduttore DC

www.ingramcontent.com/pod-product-compliance
Lightning Source LLC
Chambersburg PA
CBHW072235170526
45158CB00002BA/904